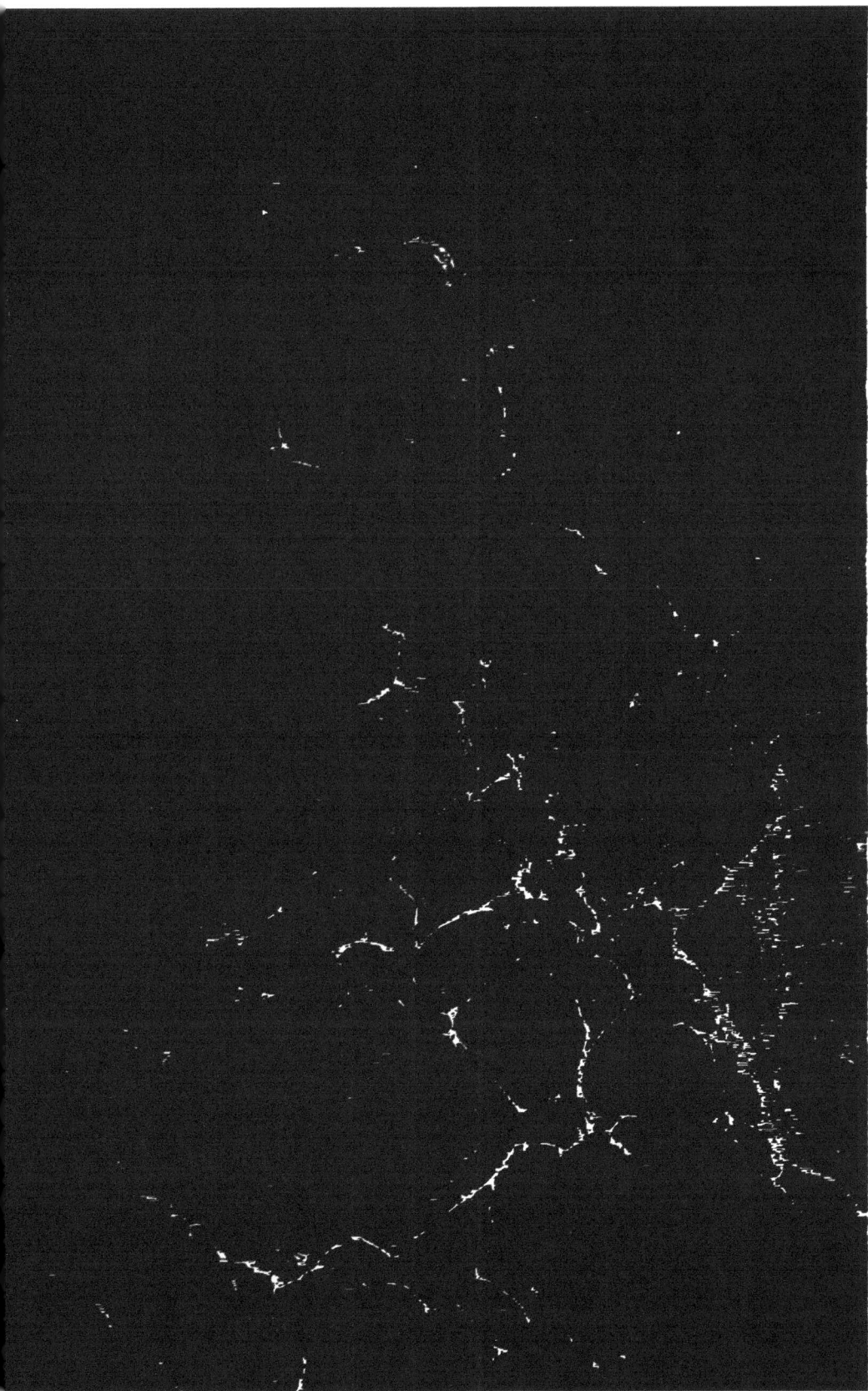

HISTOIRE

DE LA DÉCOUVERTE

DE LA

CIRCULATION DU SANG.

CORBEIL. typ et stér de CRÉTÉ

HISTOIRE

DE LA DÉCOUVERTE

DE LA

CIRCULATION DU SANG

PAR P. FLOURENS

Membre de l'Académie française et Secrétaire perpétuel de l'Académie des Sciences Institut de
France, Membre des Sociétés et Académies royales des Sciences de Londres, Édimbourg,
Stockholm, Munich, Turin, Madrid, Bruxelles, Anvers, Athènes, de l'Académie des
Sciences de l'Institut de Bologne, des Nouveaux-Lyncéens de Rome, de la
Société philosophique de Philadelphie, de l'Académie des *Curieux*
de la *Nature* d'Allemagne, etc., etc.
Professeur au Muséum d'Histoire naturelle de Paris

Étant sur les bancs, il fit une action d'une audace
signalée, qui ne pouvait guère, en ce temps-là, être
entreprise que par un jeune homme, ni justifiée que
par un grand succés; il soutint dans une thèse la
circulation du sang. Les vieux docteurs trouverent
qu'il avait défendu avec esprit cet étrange paradoxe.

FONTENELLE, *Éloge de Fagon.*

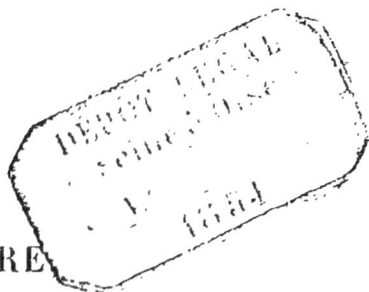

PARIS

CHEZ J. B. BAILLIÈRE

LIBRAIRE DE L'ACADÉMIE IMPÉRIALE DE MÉDECINE.

RUE HAUTEFEUILLE, 19.

A LONDRES, CHEZ H. BAILLIÈRE, 219, REGENT STREET.

A NEW-YORK, CHEZ H. BAILLIERE, 290, BROADWAY.

A MADRID. CHEZ C. BAILLY-BAILLIERE, CALLE DEL PRINCIPE. 11.

1854.

AVERTISSEMENT.

.

Il y a quelques années que, parcourant le *Commentaire* de Ramazzini sur Cornaro. mes yeux s'arrêtèrent sur cette phrase :

« Les anciens ont absolument ignoré
« la circulation du sang, et nous avons
« l'obligation à Harvey, le Démocrite an-
« glais, de l'avoir publiée le premier, après
« qu'il l'eut puisée dans ces deux excel-
« lentes sources, Fabrice d'Acquapendente
« et Paul Sarpi, tous deux professeurs à
« Padoue, et qui en avaient fait tant d'ex-
« périences sur toutes sortes d'animaux. »

Cette phrase éveilla ma curiosité. Je fis des recherches. Je trouvai des écrivains passionnés, prévenus, à parti pris d'avance : de véritable historien, de juge, je n'en trouvai point.

L'histoire de la *découverte de la circulation du sang* était encore à faire.

J'étudie successivement, dans ce livre, toutes ces découvertes merveilleuses de la circulation du sang proprement dite, des vaisseaux chylifères, du réservoir du chyle, des vaisseaux lymphatiques.

J'y suis les faits depuis Erasistrate et Galien jusqu'à Servet, depuis Servet et Césalpin jusqu'à Harvey, depuis Harvey jusqu'à Pecquet et Thomas Bartholin.

Un point m'a particulièrement occupé. Je me suis appliqué à rechercher, et, si je puis ainsi parler, à reconstruire tout l'ensemble des idées de Galien touchant la circulation de *l'adulte* et celle du *fœtus*, la formation du *sang*, la formation des *esprits*, la *chaleur innée*.

J'examine, dans un chapitre, les préten-
tions de Sarpi à la découverte de la circulation du sang; et, dans un autre, les opinions
physiologiques de Servet : homme étrange
qui eut du génie.

Je termine par deux chapitres sur Gui-
Patin, l'adversaire tout à la fois le plus spirituel et le plus obstiné qu'aient eu les
idées modernes.

ERRATA.

—

Page 36, note 1, ligne 2, le passag du sange, *lisez :* le passage du sang.

Page 76, ligne 9, e cœur, *lisez :* le cœur.

Page *id.,* note 2, ligne 1, *cor de, lisez : corde.*

Page 89, note, ligne 1, supprimez la répétition.

Page 103, note, ligne 1, *experire, lisez : experiri.*

Page 132, note 2, ligne 3 en remontant, *num, lisez nam.*

Page 152. ligne 10, presque tous formés, *lisez :* presque tout formés.

Page 166. ligne 2, à ce qu'il dit, sur quoi, *lisez :* à ce qu'il dit : sur quoi.

Page 179, ligne 8, avec lui tout les dimanches, *lisez :* avec lui tous les dimanches.

Page 193 : *ôtez* les guillemets qui commencent les 7e et 8e lignes.

— — —

HISTOIRE

DE LA DÉCOUVERTE

DE LA

CIRCULATION DU SANG

I

D'Harvey et de la circulation du sang.

La découverte de la circulation du sang n'appartient pas, et ne pouvait guère appartenir, en effet, à un seul homme, ni même à une seule époque. Il a fallu détruire plusieurs erreurs : à chacune de ces erreurs il a fallu substituer une vérité. Or, tout cela s'est fait successivement, lentement, peu à peu. Galien combattait déjà Érasistrate ; il ouvrait la route qui, suivie depuis par Vésale, par Servet, par Colombo, par Césalpin, par Fabrice d'Acquapendente, nous a conduits à Harvey.

1

Trois erreurs principales masquaient, si je puis ainsi dire, le grand fait de la circulation du sang : la première, que les artères ne contenaient que de l'air ; la seconde, que la cloison qui sépare les deux ventricules était percée ; la troisième, que les veines portaient le sang aux parties, au lieu de l'en ramener.

Voyons quels sont les hommes qui avaient posé ces erreurs, et quels sont ceux qui les ont détruites.

D'Érasistrate.

Érasistrate croyait que les artères ne contenaient point de sang, qu'elles ne contenaient que de l'air.

Selon Erasistrate, l'air, attiré par les poumons, y pénétrait par la trachée-artère ; de la trachée-artère, il passait dans l'*artère veineuse* (ce que nous appelons aujourd'hui la veine pulmonaire) ; de l'*artère veineuse*, il passait dans le ventricule gauche ; et du ventricule gauche il passait dans les artères, qui le portaient aux parties [1].

---

[1] Selon Erasistrate, nous ne respirons que pour remplir d'air les artères : « Quænam est utilitas respirationis ?..... Num animæ ipsius generatio est?... An innati caloris ven-

Ce que nous appelons aujourd'hui le *système sanguin*, le *système circulatoire*, se partageait donc en deux systèmes : le système *artériel* ou *aérien*, et le système *veineux* ou *sanguin*.

Les artères étaient les canaux de l'air ; et de là même leur nom d'*artères ; et* de là leur communauté de nom avec la *trachée-artère*, qui est, en effet, le grand canal de l'air.

De Galien.

Dès qu'on ouvre un artère, dit Galien, le sang en sort : donc de deux choses l'une, ou il y était contenu, ou il y est venu d'ailleurs ; mais, s'il y vient d'ailleurs, si l'artère ne contient que de l'air, l'air devrait donc en sortir avant le sang, et c'est ce qui n'est pas ; il en sort du sang et point d'air : donc les artères ne contiennent que du sang [1].

---

tilatio ac refrigeratio?..... Aut horum quidem nihil est, verum arteriarum expletionis gratiâ respiramus, velut Erasistratus putat? » (*De utilitate respirationis,* Galeni opera : *édition des Junte.* Venise, 1597, p. 223.)

[1] Quoniam arteriâ quâcumque vulneratâ, sanguinem egredi videmus, duorum alterum sit oportet, vel in arteriis sanguinem contineri, vel aliunde ipsum in eas confluere. Quod, si aliunde sanguis in eas confluit, manifestum est unicuique, cum se naturaliter arteriæ habebant,

Galien faisait une autre expérience.

Il interceptait une portion d'artère entre deux ligatures; puis il ouvrait l'entre-deux, et n'y trouvait que du sang : donc, encore une fois, les artères contiennent du sang, et ne contiennent que du sang [1].

Mais, s'écriaient les sectateurs d'Érasistrate, si les artères contiennent du sang, comment l'air, attiré par les poumons, peut-il passer dans tout le corps? Il n'y passe pas, répondait Galien : l'air attiré est rejeté; il sert à la respiration par sa *température*, et non par sa *substance*; il rafraîchit le sang, et c'est là tout l'usage de la respiration [2].

---

spiritum ipsas solummodo continuisse. Quod, si hoc verum esset, oportebat in vulneratis, priusquam sanguis egrederetur, spiritum exire conspiceremus; cum autem hoc fieri non videamus, nec anteà solum spiritum in arteriis contentum fuisse colligemus..... (*An sanguis in arteriis naturâ contineatur*, p. 60.)

[1] Ubi funiculo dissectam arteriam utrinque ligavimus, et quod in medio comprehensum fuerat incidimus, sanguine plenam ipsam esse monstravimus... (*Ibid.*, p. 61.)

[2] Sed quomodo, reclamant, in totum corpus aer veniet, quem respirando attrahimus, si sanguinem arteriæ contineant? Quibus respondendum est, quæ necessitas hoc eos fateri cogat, cum possit totus, qui respirando admissus est aer, foras esse remitti : quemadmodum pluribus, iisque di-

Assurément, ceci est bien loin de ce que nous savons aujourd'hui sur la respiration. C'est même tout le contraire de ce qui est. Au lieu de *rafraîchir* le sang, la respiration l'*échauffe*; la respiration est la source de la *chaleur animale;* mais enfin, relativement à Érasistrate, qui prétendait que l'air passait dans les artères en totalité, en masse, en *substance*, comme il passe dans la trachée-artère, dans les bronches, que c'était l'air qui gonflait les artères, l'air qui les distendait [1], l'air qui les faisait battre, l'air qui était la cause du pouls [2], l'idée de Galien était un progrès, et tellement un progrès que, sur ce point, la physiologie tout entière n'a pu en faire un autre que par le secours de la nou-

---

ligentissimis tam philosophis quam medicis, visum est, qui cor, inquiunt, non aeris substantiam exposcere, sed frigiditatem solummodo, quâ recreari desiderat : atque hunc esse respirationis usum. (*Ibid.*, p. 62.)

[1] « ..... Consentiens Erasistrati sententiæ : quandoquidem putat arterias,..... ideo distendi, quod compleantur spiritu (l'*esprit*, c'est-à-dire, pour Erasistrate, l'*air*; on verra plus loin, page 8, note 2, ce que l'*esprit* était pour Galien) à corde suppeditato. » (*De pulsuum differentiis,* p. 69.)

[2] Pulsus est dilatatio arteriæ, quæ completione fit spiritus à corde emissi. (*Ibid.*)

velle chimie : Haller croyait encore que la respiration *rafraîchissait* le sang.

Ainsi donc, les artères ne contiennent point d'air ; les artères ne contiennent que du sang, comme les veines ; toute une moitié du système sanguin, détachée de ce système par une hypothèse, lui est rendue ; et, comme la circulation n'est que le mouvement qui porte sans cesse le sang du cœur dans les artères, des artères dans les veines, et qui par les veines le ramène sans cesse au cœur, tant que les artères auraient été supposées ne contenir que de l'air, la découverte de la circulation eût été impossible : sans le pas qu'a fait Galien, on n'en aurait pu faire aucun autre.

Des trois erreurs principales que j'indiquais tout à l'heure, en voilà donc une de moins, une de détruite. Galien ne fut pas aussi heureux, relativement aux deux autres. Il crut que la cloison qui sépare les deux ventricules était percée, et que les veines portaient le sang aux parties : deux erreurs qui devaient passer de lui aux modernes, et dont la dernière était l'opposé même de toute idée de *circulation*.

Des premiers anatomistes modernes.

La cloison qui sépare les deux ventricules n'est point percée. Comment donc se fait-il que Galien la crût, la *vit* percée ? C'est qu'il avait imaginé qu'il fallait qu'elle le fût.

Selon Galien, les veines portaient le sang aux parties, comme les artères ; mais il y avait deux sangs : le *sang spiritueux*, le sang des artères et du ventricule gauche, et le *sang veineux*, le sang proprement dit, le sang des veines et du cœur droit [1]. Et ceci encore était un progrès. C'était la première indication des deux sangs, aujourd'hui si bien distingués, le sang rouge et le sang noir, le sang artériel et le sang veineux, le sang qui a respiré et le sang qui n'a pas respiré.

Il y a donc, selon Galien, deux sangs ; et chacun de ces deux sangs a une destination qui lui est propre : le *sang spiritueux* nourrit les organes légers et délicats, tels que le poumon ; le *sang veineux* nourrit les organes épais et grossiers,

[1] ..... Sinistro ventriculo, quem medici *spirituosum* appellare consueverunt..... altero ventriculo, quem *sanguineum* appellant. (*De usu partium*, lib. VI, p. 150.)

tels que le foie [1]. L'*esprit*, cette *partie la plus pure du sang* [2], ne se forme que dans le ventricule gauche [3] ; et cependant, comme il faut, même au *sang veineux*, pour qu'il puisse servir à la nutrition, une certaine proportion d'*esprit* [4], il faut donc aussi que les deux ventricules, le ventricule de l'*esprit* et celui du *sang*, communiquent ensemble, et c'est ce qui a lieu par les *prétendus trous* de la cloison qui les sépare [5].

Pour Galien, la cloison était donc percée, parce qu'il avait imaginé un système qui voulait qu'elle le fût. Pour les premiers anatomistes

---

[1] ..... Ut similem, ad sui nutritionem, postulent sanguinem, verbi gratiâ hepar viscerum omnium gravissimum ac densissimum, et pulmo levissimus ac rarissimus..... Quo factum est ut hepar quidem à venis fere solis,... pulmo vero ab arteriis nutriretur... (*De usu partium*, p. 155.)

[2] Spiritus exhalatio quædam est sanguinis benigni..... (*Ibid.*, p. 155.)

[3] Spiritus receptaculum, sinister ventriculus... (*De anat. administ.*, lib. VII, p. 95.)

[4] Demonstratum nobis alio loco est, omnia esse in omnibus... ; atque arteriæ quidem tenuem ac purum et vaporosum participant sanguinem, venæ autem paucum, eumdemque caliginosum aerem..... (*De usu partium*, lib. VI, p. 154.)

[5] Quæ igitur in corde apparent foramina, ad ipsius potissimum medium septum, prædictæ communitatis gratiâ, extiterunt. (*Ibid.*, p. 155.)

modernes, la cloison fut percée, parce que Galien l'avait dit.

Mondini dit que la cloison est percée [1] ; Vasseus ou Le Vasseur, sur lequel je reviendrai plus loin, dit comme Mondini [2] ; vingt autres disent comme ces deux-là. Bérenger de Carpi, le premier, avoue que les trous *ne sont pas bien visibles* [3] ; et Vésale, le grand Vésale, le père de l'anatomie moderne, Vésale seul ose dire qu'*ils n'existent pas*. Encore n'en vient-il pas là tout

---

[1] La cloison est ce qu'il appelle le *ventricule moyen* : Nam iste ventriculus non est una concavitas, sed plures concavitates parvæ,... ut sanguis qui vadit ad ventriculum sinistrum à dextro, cum debeat fieri spiritus, continuò subtilletur..... (*Anatomia Mundini*. Édition de Dryander, 1540, p. 38.)

[2] « Dedans le cœur, il y a seulement deux sinus ou ventricules, séparés par un entre-deux dict en latin *septum*, par les pertuis duquel entre-deux le sang et l'esprit sont communiqués. » (Traduction française par Canappe, p. 46.)

[3] ..... In homine cum maximâ difficultate videntur. (*Commentaria super anatomiam Mundini*, p. cccxli, édition de 1521.) Jacques Sylvius ou Dubois semble aussi ne pas admettre les *trous* de la cloison ; du moins n'en parle-t-il pas ; il se borne à dire : Sunt cordi ventres duo, carnis ipsius portione mediâ, ceu diaphragmate quodam secreti. (*In Hippocratis et Galeni physiologiæ partem anatomicam Isagoge*, p. 54, édition de 1555.)

de suite. Il commence par répéter, avec tous les autres, que le sang passe d'un ventricule dans l'autre *par les trous de la cloison* [1] ; mais bientôt, emporté par la force du fait qu'il voit, qu'il touche, il déclare qu'il n'a parlé de la sorte que *pour s'accommoder aux dogmes de Galien* [2] ; car, au fond, le tissu de la cloison n'est ni moins épais, ni moins compacte que le reste du cœur ; et, à travers ce tissu épais, il ne saurait passer une seule goutte de sang [3].

Galien avait montré que les artères contiennent du sang comme les veines, et c'était un premier pas ; il avait indiqué la distinction des deux sangs, l'*artériel* et le *veineux*, et c'était l'indica-

---

[1] ..... Maximâ portione per ventriculorum cordis septi poros in sinistrum ventriculum desudare sinit... (Andreæ Vesalii *Opera omnia anatomica*, etc. Édition d'Albinus, 1725, tome I, p. 517.)

[2] In cordis constructionis ratione, ipsiusque partium usu recensendis, magnâ ex parte Galeni dogmatibus sermonem accommodavi..... (*Ibid.*, p. 519.)

[3] Haud leviter studiosis expendendum est ventriculorum cordis interstitium, aut septum, ipsumve sinistri ventriculi dextrum latus, quod æque crassum, compactumque ac densum est, atque reliqua cordis pars sinistrum ventriculum complectens, adeo ut ignorem... quî per septi illius substantiam ex dextro ventriculo in sinistrum vel minimum quid sanguinis assumi possit... (*Ibid.*, p. 519.)

tion d'un second pas ; Vésale venait de montrer
que la cloison des deux ventricules n'était pas
percée, c'était le troisième pas ; un pas de plus,
et la circulation pulmonaire était trouvée. Ce
nouveau pas fut dû à Servet.

De Servet et de la circulation pulmonaire.

Je me garde bien de faire aucune allusion
aux ouvrages théologiques de Servet, que je n'ai
pas lus [1]. Peut-être, dans ses querelles avec Calvin, se trompait-il tout autant que lui ; mais,
du moins, ne fit-il pas brûler Calvin.

Je m'en tiens au passage suivant sur la *circulation pulmonaire ;* et je dis que ce passage admirable suffit seul pour assurer à Servet une
place illustre dans la science.

La communication, dit Servet (c'est-à-dire le
passage du sang du ventricule droit dans le ventricule gauche), ne se fait pas à travers la cloison mitoyenne des ventricules, comme on se
l'imagine communément ; mais, par un long et
merveilleux détour, le sang est conduit à travers

---

[1] J'en ai lu quelques-uns plus tard. (Voyez, plus loin,
le v⁰ chapitre de cet ouvrage.)

le poumon, où il est agité, préparé, où il devient jaune, et passe de la veine artérieuse dans l'artère veineuse : *et à venâ arteriosâ in arteriam venosam transfunditur.*

Je m'arrête un moment sur ces mots, *et à venâ arteriosâ in arteriam venosam transfunditur ;* car c'est là l'idée nouvelle,.l'idée complète.

Tout en supposant la cloison des ventricules percée, Galien savait très-bien que le sang du ventricule droit passait, du moins en partie, par l'artère pulmonaire, dans le poumon [1]. Vésale le savait aussi [2]. Mais ce n'était là que la moitié de l'idée, la moitié du fait.

---

[1] Atqui orificia omnia sunt numero quatuor, duo in utroque ventriculo : in sinistro unum quod spiritum de pulmone immittit, alterum quod educit : reliqua duo in dextro, alterum quod in pulmonem sanguinem emittit, alterum quod è jecore admittit. (*De Hipp. et Plat. decret.*, lib. VI, p. 264.)

[2] Dexter ventriculus... à cavá venâ, quoties cor dilatatur ac distenditur, magnam sanguinis vim attrahit, quem, adjuvantibus forte ad hoc ventriculi foveis, excoquit : ac suo calore attenuans, levioremque, et qui aptius impetu postmodum per arterias ferri possit reddens, maximâ portione per ventriculorum cordis septi poros in sinistrum ventriculum desudare sinit (on a vu, page 10, qu'il n'admet ces *trous* de la *cloison* que par complaisance pour Galien); re-

L'idée complète, l'idée entière qui nous a donné la *circulation pulmonaire*, a été de comprendre que le sang passe de l'*artère pulmonaire* dans la *veine pulmonaire* ; que le sang, sorti du cœur droit par l'*artère pulmonaire*, revient au cœur gauche par la *veine pulmonaire* ; que le sang sorti du cœur revient au cœur ; qu'il y a, par conséquent, *circulation, circuit* ; et cette idée, cette grande idée, cette idée si neuve de *circulation, de circuit*, Servet est le premier qui l'ait eue.

Et que la communication se fasse ainsi par les poumons, ajoute Servet, c'est ce que nous apprend la connexion, l'union multiple de la *veine artérieuse* avec l'*artère veineuse* dans cet organe. C'est ce que confirme le calibre de la *veine artérieuse*, qui ne serait ni si grande, ni ne porterait un tel volume de sang au poumon, s'il ne s'agissait que de le nourrir, d'autant (et ceci est une remarque très-fine) que, dans l'embryon, le poumon se nourrit bien d'ailleurs, puisque ce

liquam autem ejus sanguinis partem, dum cor contrahitur arctaturque, per venam arterialem in pulmonem delegat. (Andreæ Vesalii *Opera omnia anatomica*, etc., édition d'Albinus, 1725, t. 1, p. 517.)

2

sang ne lui arrive pas. C'est donc pour un autre
usage qu'au moment de la naissance le sang
passe, avec tant d'abondance, du cœur dans le
poumon. C'est pour s'y mêler à l'air ; car ce
n'est pas seulement l'air, c'est l'air mêlé au
sang, qui passe dans *l'artère veineuse*. La couleur jaune est donnée au sang par le poumon et
non par le cœur [1]....

Tout cela est plein de sagacité, de finesse, de
pénétration. La connexion, l'union de *l'artère
pulmonaire* et de la *veine pulmonaire* dans le
poumon par leurs rameaux infinis ; le calibre de
l'artère pulmonaire, qui serait beaucoup trop
grand si l'artère ne devait servir qu'à la nutrition du poumon ; la nutrition de cet organe qui,
dans l'embryon, se fait sans le sang de *l'artère
pulmonaire*, laquelle, en effet, ne reçoit point
alors de sang ; tout cela forme un ensemble de
raisons décisives, excellentes, qui sont les rai-

---

[1] Fit autem communicatio hæc non per parietem cordis
medium, ut vulgò creditur, sed magno artificio à dextro
cordis ventriculo, longo per pulmones ductu, agitatur sanguis subtilis ; à pulmonibus præparatur ; flavus efficitur, et
à venâ arteriosâ in arteriam venosam transfunditur. (Voyez,
pour les citations que je fais ici de Servet, *l'extrait de son
livre*, que l'on trouvera à la fin de ce volume.)

sons mêmes que nous donnons aujourd'hui, qui sont les vraies.

Remarquons encore le changement de couleur du sang, qui s'opère, non dans le cœur, mais dans le poumon, et qui est dû à l'action de l'air. Nous savons aujourd'hui que ce n'est pas tout l'air, que c'est l'oxygène seul de l'air qui produit ce changement. Mais, à cela près, à l'analyse de l'air près, que Servet ne pouvait devancer, et qui a été la merveille de la chimie nouvelle, combien l'idée est juste ! Servet a non-seulement découvert la véritable marche du sang d'un cœur à l'autre par le poumon ; il a découvert le véritable lieu de la *sanguification*, de la *transformation* du sang, du *changement* du sang noir en sang rouge. Galien plaçait le siége de la *sanguification* dans le foie ; Servet, le premier, l'a placé dans le poumon : vérité qui ne fut pas alors remarquée, qui n'a été comprise que beaucoup plus tard, et qui même n'a reçu tout son développement que des expériences des physiologistes les plus récents, que des expériences de Goodwin et de Bichat [1].

[1] Quod ità per pulmones fiat communicatio et præparatio docet conjunctio varia et communicatio venæ arteriosæ

La cloison mitoyenne des deux ventricules, continue Servet, ne se prête point à la communication du sang d'un ventricule dans l'autre.... De la même manière que se fait, dans le foie, le passage du sang de la *veine porte* dans la *veine cave*, de la même manière se fait, dans le poumon, le passage du sang de la *veine artérieuse* dans l'*artère veineuse* [1]. On ne pouvait faire un rapprochement qui fût plus exact. Enfin, dit Servet en terminant, et certes il a bien raison de le dire : si quelqu'un compare ces

cum arteriâ venosâ in pulmonibus. Confirmat hoc magnitudo insignis venæ arteriosæ, quæ nec talis, nec tanta facta esset, nec tantam à corde ipso vim purissimi sanguinis in pulmones emitteret, ob solum eorum nutrimentum, nec cor pulmonibus hâc ratione serviret, quum præsertim anteà in embryone solerent pulmones ipsi aliunde nutriri... Ergo ad alium usum effunditur sanguis à corde in pulmones horâ ipsâ nativitatis, et tam copiosus. Item à pulmonibus ad cor non simplex aer, sed mixtus sanguine mittitur per arteriam venosam. Ergo in pulmonibus fit mixtio. Flavus ille color à pulmonibus datur sanguini spirituoso, non à corde.

[1] Demum paries ille medius, quum sit vasorum et facultatum expers, non est aptus ad communicationem et elaborationem illam... Eodem artificio, quo in hepate fit transfusio à venâ portâ ad venam cavam propter sanguinem, fit etiam in pulmone transfusio à venâ arteriosâ ad arteriam venosam propter spiritum (ou, plus exactement, propter *sanguinem spirituosum*).

choses avec ce qu'a écrit Galien dans ses livres
VI et VII de l'*Usage des parties*, il comprendra
pleinement la vérité, que Galien n'a pas aper-
çue [1].

De Colombo.

Six ans après Servet, Realdo Colombo, l'un
des meilleurs anatomistes qu'ait eus Padoue
(Padoue qui en a eu tant : Vésale, Colombo,
Fallope, Fabrice d'Acquapendente), Realdo
Colombo découvrait aussi de son côté, et par lui-
même [2], la *circulation pulmonaire*.

Entre les deux ventricules, dit-il, est la cloison par laquelle on pense que le sang du ventricule droit passe dans le gauche....; mais on
se trompe beaucoup, car le sang est porté par la
veine artérieuse dans le poumon...., d'où il
passe, avec l'air, par l'*artère veineuse* dans le
ventricule gauche du cœur ; ce que personne
encore n'a vu : *quod nemo hactenus aut ani-*

---

[1] Si quis hæc conferat cum iis quæ scribit Galenus,
lib. VI et VII *De usu partium*, veritatem penitus intelliget,
ab ipso Galeno non animadversam.

[2] Voyez, plus loin (au IVᵉ chapitre), ce que je dis sur ce
point-là. Ni Colombo, ni ceux qui sont venus immédiatement après lui, n'ont pu connaître le livre de Servet.

*madvertit, aut scriptum reliquit, licet maxime
sit ab omnibus animadvertendum* [1].

De Césalpin.

Enfin, Césalpin décrit à son tour, et sans citer
Colombo (qu'il n'a sûrement point connu, puisqu'il ne le cite point : le grand mérite est toujours probe), la *circulation pulmonaire ;* et,
cette fois-ci, ce n'est pas seulement la chose qui
paraît, c'est le mot. Césalpin appelle formelle-
ment le passage du sang d'un cœur à l'autre par
le poumon, *circulation.*

A cette *circulation*, dit-il, qui du ventricule
droit du cœur porte le sang, par le poumon,
dans le ventricule gauche, répond parfaitement
la disposition des parties. En effet, chaque ventricule a deux vaisseaux, l'un par lequel le sang
arrive, et l'autre par lequel il sort : le vaisseau

[1] Inter hos ventriculos septum adest, per quod fere omnes
existimant sanguini à dextro ventriculo ad sinistrum adi-
tum patefieri;... sed longâ errant viâ : nam sanguis per
arteriosam venam ad pulmonem fertur, ibique attenuatur;
deinde cum aere unà per arteriam venalem ad sinistrum
cordis ventriculum defertur : quod nemo hactenus aut ani-
madvertit, aut scriptum reliquit, licet maxime sit ab omnibus animadvertendum. (Realdi Columbi, *De re anato-
micâ*, édition de 1572, p. 325.)

par lequel le sang arrive dans le ventricule droit est la *veine cave*, le vaisseau par lequel il sort est l'*artère pulmonaire ;* le vaisseau par lequel le sang arrive dans le ventricule gauche est la *veine pulmonaire*, le vaisseau par lequel il sort est l'*aorte* [1]....

La *circulation pulmonaire* était donc trouvée.

De Césalpin et de la circulation générale.

La *circulation pulmonaire* était trouvée ; mais, jusqu'ici, jusqu'à Césalpin, de la *circulation générale*, de la *circulation du corps*, de la *circulation* qu'on appelle *grande* par rapport à la *pulmonaire* qu'on appelle *petite*, de la *circulation générale*, pas un mot.

Galien s'était fait une physiologie très-symé-

[1] Huic sanguinis *circulationi* ex dextro cordis ventriculo per pulmones in sinistrum ejusdem ventriculum optime respondent ea quæ ex dissectione apparent. Nam duo sunt vasa in dextrum ventriculum desinentia, duo etiam in sinistrum. Duorum autem unum intromittit tantum, alterum educit, membranis eo ingenio constitutis. Vas igitur intromittens vena est magna quidem in dextro, quæ cava appellatur ; parva autem in sinistro ex pulmone introducens..... Vas autem educens arteria est magna quidem in sinistro, quæ aorta appellatur, parva autem in dextro, ad pulmones derivans... (Andreæ Cæsalpini, *Quæstionum peripateticarum*, lib. V, p. 125, édition des Junte. Venise, 1593.)

trique. Il y avait quatre tempéraments, le *sanguin*, le *pituiteux*, le *bilieux* et l'*atrabilaire* ; et
quatre humeurs, le *sang*, la *pituite*, la *bile* et
l'*atrabile*. Il y avait trois *esprits*, le *naturel*, le
vital et l'*animal* ; et trois sources de ces *esprits*,
le *foie*, le *cœur* et le *cerveau*.

De plus, le *cerveau* était l'origine de tous les
nerfs ; le *cœur*, l'origine de toutes les *artères* ; le
foie, l'origine de toutes les *veines*.

Les *veines*, nées du *foie*, portaient le sang aux
parties : erreur étrange, et que la plus simple expérience, je dis plus, que la plus simple attention à une expérience qui se faisait tous les jours,
aurait pu détruire. Car, en effet, on pratiquait
tous les jours la saignée ; et tous les jours on
voyait la *veine* se gonfler *au-dessous* et non *au-
dessus* de la ligature ; le sang allait donc, dans
les *veines*, des parties au cœur et non du cœur
aux parties.

Il y a, dans Vésale, un chapitre excellent touchant l'utilité des expériences sur les animaux
vivants [1]. Vésale dit très-bien que la plus simple
expérience sur un animal vivant nous en apprend
souvent beaucoup plus, sur bien des choses, que

---

[1] Andreæ Vesalii *Op. anat.*, etc., t. I, p. 567.

l'étude la plus longue sur l'animal mort. Par exemple, veut-on savoir si les artères contiennent du sang ou de l'air, il n'y a qu'à ouvrir une artère sur un animal vivant, et l'on voit qu'elle contient du sang [1]. Malheureusement, Vésale s'arrête aux *artères ;* il ne passe pas aux *veines ;* il croit que, par rapport aux *veines,* la simple inspection de l'animal mort suffit « pour montrer qu'elles portent le sang aux parties : *Cæterum in venarum usu inquirendo, vix quoque vivorum sectione opus est : quum in mortuis affatim discamus eas sanguinem per universum corpus deferre* [2]. »

Césalpin est le premier, le seul avant Harvey, qui ait fait attention à ce gonflement des *veines* qui, comme je viens de le dire, a toujours lieu *au-dessous* et jamais *au-dessus* de la ligature. C'est une chose fort curieuse, dit-il, que les veines s'enflent *au-dessous* de la ligature, et pas *au-dessus.* Ceux qui saignent les malades, ajoute-t-il, font familièrement cette expérience ; ils font

---

[1] Atque ità levi negotio observatur in arteriis sanguinem naturâ contineri, si quando arteriam in vivis aperimus. (*Ibid.*, p. 568.)

[2] *Ibid.*, p. 568.

toujours la ligature *au-dessus* de l'endroit qu'on doit saigner, et non *au-dessous* : *quia tument venœ ultrà vinculum non citrà ;*...... ce qui devrait être tout contraire, si le mouvement du sang était du cœur aux parties [1].....

Il dit ailleurs : Le sang, conduit au cœur par les veines, y reçoit sa dernière perfection ; et, cette perfection acquise, il est porté par les artères dans tout le corps [2]. On ne pouvait mieux concevoir la circulation générale, ni la mieux définir dans une phrase aussi courte.

Césalpin avait un esprit d'un ordre supérieur. Il est le premier, entre les modernes, qui ait vu la méthode, c'est-à-dire la classification fondée

---

[1] Sed illud speculatione dignum videtur, propter quid ex vinculo intumescunt venæ ultrà locum apprehensum, non citrà : quod experimento sciunt qui venam secant ; vinculum enim adhibent citrà locum sectionis, non ultrà ; quia tument venæ ultrà vinculum non citrà. Debuisset autem opposito modo contingere, si motus sanguinis et spiritus à visceribus fit in totum corpus... (*Quœstionum medicarum*, lib. II, édition citée, p. 234.)

[2] In animalibus videmus alimentum per venas duci ad cor tanquam ad officinam caloris insiti, et, adeptâ inibi ultimâ perfectione, per arterias in universum corpus distribui, agente spiritu, qui ex eodem alimento in corde gignitur. (*De plantis*, Florence, 1583, lib. 1, cap. II, p. 3.)

sur l'organisation. Avant lui, on distribuait les plantes d'après des caractères extérieurs, d'après leurs noms, leurs prétendues vertus médicales, etc. Dans la *Classification des plantes* de Césalpin, tous les caractères sont tirés des plantes mêmes ; et, guidé par un tact heureux, il rencontre d'abord les organes les plus importants, ceux qui fournissent les meilleurs caractères, les organes de la fructification, les fleurs, les fruits, les graines. Césalpin a la double gloire d'avoir été le premier qui nous ait donné une *méthode*, et le premier qui nous ait donné l'idée des *deux circulations*.

De Fabrice d'Acquapendente.

Fabrice d'Acquapendente a eu aussi deux gloires : il a découvert les *valvules* des veines, et il a été le maître d'Harvey.

Fabrice découvrit les *valvules* des veines en 1574. Il vit très-bien qu'elles sont tournées vers le cœur. Elles s'opposent donc à ce que le sang aille du cœur aux parties dans les *veines ;* il y va donc des parties au cœur, à l'inverse de ce qui a lieu dans les *artères,* qui n'ont pas de *valvules.*

Les *valvules* des veines sont la preuve anatomique de la circulation du sang (la preuve qu'il
fait circuit, retour, qu'il revient sur lui-même,
qu'il *circule*); mais Fabrice ne vit pas cette
preuve; il vit le fait, et n'en tira pas la consé-
quence importante qu'Harvey seul en a su tirer.

De Sarpi.

Ce serait ici le lieu de parler de Sarpi. On
lui attribue, tout à la fois, la découverte de la
circulation du sang et la découverte des valvules
des veines [1].

Pour la circulation, on se fonde sur une page
trouvée, après sa mort, dans ses manuscrits par
le père Fulgence. Dans cette page, Sarpi décri-
vait la circulation, à ce qu'on assure.

Quant aux valvules, c'est Gassendi qui raconte, dans sa *Vie de Peiresc*, que Peiresc lui
a dit que la découverte des valvules était due à
Sarpi, qui l'avait confiée à Fabrice [2]. Mais Fa-

---

[1] Voyez, plus loin (chap. IV), mon opinion développée
sur Sarpi.

[2] De quibus (*valvulis*) ipse aliquid inaudierat ab Acquapendente, et quarum inventorem primum Sarpium Servitam meminerat. (*Vita Peyreschii*, lib. IV, p. 222.)

brice nous dit positivement que c'est lui-même,
Fabrice, qui a découvert les valvules. Elles
étaient, dit-il, inconnues avant l'année 1574,
où je les ai pour la première fois aperçues avec
une grande joie, *summâ cum lœtitiâ*[1].....

Fabrice était un homme d'un savoir immense
en anatomie, et aussi respectable comme homme
que comme savant. Il se plaît à citer ailleurs
Sarpi pour quelques observations de celui-ci
touchant l'action de la lumière sur la pupille :
Quod arcanum observatum est, et mihi significa-
tum à Rev. Patre Magistro Paulo Veneto, ordi-
nis ut appellant Servorum theologo, philosopho-
que insigni, sed mathematicarum disciplinarum,
præcipueque optices, maxime studioso, quem hoc
loco honoris gratiâ nomino[2].

Concluons, avec Tiraboschi, que Sarpi peut
bien avoir eu quelque part à la découverte de

---

[1] De his itaque in præsentiâ locuturis, subit primum mirari quo modo ostiola hæc ad hanc usque ætatem tam
priscos quam recentiores anatomicos adeo latuerint, ut non
solum nulla prorsus mentio de ipsis facta sit, sed neque
aliquis prius hæc viderit quam anno 1574, quo à me summâ
cum lætitiâ inter dissecandum observata fuere... (*De ve-*
narum Ostiolis : Hieronymi Fabrici ab Acquapendente
Opera omnia anatomica. Édition d'Albinus, 1737, p. 150.)

[2] *De oculo, visus organo*. (Édition citée, p. 229.)

la circulation du sang, mais qu'il serait à désirer qu'on en fournît d'autres preuves [1].

De Vasseus ou Le Vasseur et d'une citation de M. Portal.

Le Vasseur était disciple de ce Jacques Sylvius ou Dubois, qui fut d'abord le maître et le très-digne maître de Vésale, et qui fut ensuite le plus fougueux de ses adversaires.

Le Vasseur a écrit, en latin, un petit livre qui n'est guère qu'un abrégé de l'anatomie et de la physiologie de Galien. Ce petit livre eut plusieurs éditions ; et, dès la première, il fut traduit en français par *maître Jean Canappe, docteur en médecine.*

M. Portal, dans son *Histoire de l'anatomie,* dit que Le Vasseur « en savait presque autant « que nous sur la circulation du sang. » — « De « peur, ajoute-t-il, qu'on ne m'accuse d'avoir « tronqué le texte, je rapporte les propres pa- « roles de l'auteur :

Dextrum ventriculum, qui sanguineus appel- latur, vena cava ingreditur, et vena arteriosa

---

[1] Io dunque non negherò al Sarpi l'onor di questa sco- perta, ma bramerò solamente che se ne possan produrre più certe et più autentiche pruove. (*Storia della letteratura italiana,* t. VII, p. 597.)

egreditur quæ in pulmonem dispergitur, san-
guinem elaboratum conferens..... Sinistro ven-
triculo cordis qui caloris nativi fons est, et spi-
rituosus appellatur , arteria venosa quæ ex
pulmone.... M. Portal s'arrête là, à ces mots
quæ ex pulmone, et le lecteur, suivant l'impulsion qui lui a été donnée, achève la phrase : *qui*
du poumon rapporte le sang au cœur; et par
conséquent Le Vasseur « en savait autant que
nous sur la circulation. » Mais, point du tout.
Le Vasseur ne parle pas du *sang*, il parle de l'*air*.

Voici sa phrase entière, que je cite dans le
vieux français de Canappe.

« La veine cave entre dans le dextre ventri-
« cule, lequel est appelé sanguin, et d'icelui
« sort la veine artérieuse, laquelle est dispersée
« et distribuée au poumon, et apporte le sang
« élabouré.... Au senestre ventricule, lequel est
« la fontaine de la chaleur naturelle, et est ap-
« pelé spiritueux, est insérée l'artère veineuse,
« laquelle apporte du poumon (c'est à ce mot
« que s'était arrêté M. Portal), laquelle apporte
« du poumon l'air au cœur, et évacue les excré-
« ments fuligineux d'icelui [1]..... »

_____

[1] *L'anatomie du corps humain, premièrement composée en*

D'Harvey.

Lorsque Harvey parut, tout, relativement à la circulation, avait été indiqué ou soupçonné ; rien n'était établi. Rien n'était établi : et cela est si vrai que Fabrice d'Acquapendente, qui vient après Césalpin, et qui découvre les valvules des veines, ne connaît pas la circulation [1]. Césalpin lui-même, qui voit si bien les deux circulations, mêle, à l'idée de la circulation pulmonaire, l'erreur de la cloison percée des ventricules : *Sanguis partim per medium septum, partim per medios pulmones....., ex dextro in sinistrum ventriculum cordis transmittitur* [2]. Servet ne dit

latin par maistre Loys Vassée, et depuis traduite par maistre Jean Canappe. (Édition de 1554, p. 47.)

[1] Il croit que les valvules se bornent à empêcher la trop grande accumulation du sang dans les parties inférieures, accumulation qui aurait le double inconvénient de faire que les parties inférieures recevraient trop de sang et que les supérieures en manqueraient. Eâ ratione, uti opinor, à naturâ genitæ, ut sanguinem quadamtenus remorentur, ne confertim, ac fluminis instar, aut ad pedes, aut in manus et digitos universus influat, colligaturque ; duoque incommoda eveniant, tum ut superiores artuum partes alimenti penuriâ laborent, tum vero manus et pedes tumore perpetuo premantur. (*Loc. cit.*, p. 150.)

[2] *Quæst. peripatet.* (Lib. V, p. 126.)

rien de la circulation générale. Colombo répète, avec Galien, que les veines naissent du foie [1], « et qu'elles portent le sang aux parties [2]. »

Je conviens, avec Sprengel, que rien n'explique mieux Harvey que « *son éducation à Padoue* [3]. » Sans doute, ce fut une bonne fortune pour Harvey que *son éducation de Padoue;* mais ce fut aussi, si je puis ainsi dire, une bonne fortune pour la circulation que de passer dans les mains d'Harvey, l'homme le plus capable de l'étudier, de l'approfondir, de la comprendre tout entière, de la mettre dans tout son jour.

On reproche beaucoup à Harvey de n'avoir pas cité ses prédécesseurs; mais il cite Fabrice, qui a découvert les valvules, sans en découvrir l'usage [4]; il cite Colombo, celui qui a le mieux

[1] Est igitur jecur omnium venarum caput, fons, origo et radix, p. 300.

[2] Venæ nihil aliud sunt quam vasa concava... ut sanguinem ad singula membra deferant, fabrefacta, p. 305.

[3] Sprengel, *Histoire de la médecine.* Traduction française par Jourdan. Paris, 1815, tom. IV, p. 87.

[4] Clarissimus Hieronymus Fabricius ab Acquapendente, peritissimus anatomicus et venerabilis senex,.... primus in venis membranas valvulas delineavit, figurâ sigmoides, vel semilunares portiunculas tunicæ interioris venarum, eminentes et tenuissimas.... Harum valvularum usum inventor non est assecutus, nec alii addiderunt; non est

combattu l'erreur de la cloison percée des ventricules [1] ; enfin il venait de Padoue, où l'état de
la question était connu de chacun, où tout ce qui
avait été dit sur la circulation était su de tous.

Le livre d'Harvey est un chef-d'œuvre. Ce
petit livre de cent pages est le plus beau livre de
la physiologie. Harvey commence par les mouvements du cœur ; et, d'abord, il remarque que
l'oreillette et le ventricule de chaque cœur se
contractent successivement. Quand l'oreillette
droite se contracte, le sang passe dans le ventricule droit ; quand le ventricule droit se contracte, le sang passe dans l'artère pulmonaire ;
de l'artère pulmonaire, il passe dans la veine

enim ne pondere deorsum sanguis in inferiora totus ruat :
sunt namque in jugularibus deorsum spectantes, et sanguinem sursum prohibentes ferri : nam ubique spectant à radicibus venarum versus cordis locum.... (Gulielmi Harvei
Exercitatio anatomica de motu cordis et sanguinis, cap. XIII).

[1] Cur non iisdem argumentis, de transitu sanguinis in
adultis per pulmones, fidem similem habent, et cum Columbo, peritissimo, doctissimoque anatomico, idem asse-
runt, et credunt ex amplitudine, et fabricà vasorum pulmonum ? Arteria enim venosa, et similiter ventriculus,
repleti sunt semper sanguine, quem venis huc venisse
necesse est, nullâ aliâ quam per pulmones semitâ, ut et
ille, et nos ex ante dictis et autopsià, aliisque argumentis
palam esse existimamus. (Cap. VII.)

pulmonaire ; de la veine pulmonaire dans l'o-
reillette gauche, qui se contracte et le pousse
dans le ventricule gauche, qui se contracte et le
pousse dans l'aorte, d'où il passe dans toutes les
artères, desquelles il passe aux veines, et, par les
veines, revient au cœur, à l'oreillette droite, d'où
il était parti. Et, à chaque passage d'une cavité
dans l'autre, il y a des valvules, des membra-
nes, *de petites portes* (*ostiola*, comme les appelle
Fabrice), qui s'*ouvrent* pour le laisser passer
dans un sens, et qui se *ferment* pour l'empêcher
de passer dans le sens opposé. Les valvules de
l'oreillette droite laissent passer le sang dans le
ventricule droit, et l'empêchent de revenir dans
l'oreillette ; les valvules du ventricule droit le
laissent passer dans l'artère pulmonaire, et
l'empêchent de revenir dans le ventricule ; les
valvules de l'oreillette gauche le laissent passer
dans le ventricule gauche et l'empêchent de
revenir dans l'oreillette ; les valvules du ventricule gauche le laissent passer dans l'aorte et
l'empêchent de revenir dans le ventricule ; les
valvules des veines le laissent passer dans les
veines et l'empêchent de revenir dans les artères.

Après le cœur, viennent les artères. Galien

avait dit que les artères doivent leur battement
à une *vertu pulsifique*, qu'elles tirent du cœur
par leurs tuniques. Il avait même fait une expérience pour le prouver, mais il l'avait mal faite.
Il ouvrait une artère, il introduisait un tuyau
par cette ouverture ; il liait l'artère par-dessus
le tuyau ; et, comme il serrait trop fort, le
sang ne coulait plus, ou ne coulait plus que
d'un jet faible, l'artère cessait de battre
au-dessous de la ligature, et Galien concluait
que le battement des artères tient donc à la
vertu pulsifique qu'elles tirent du cœur , puisqu'une simple ligature suffit pour empêcher de
battre toute la portion d'artère qui se trouve
séparée du cœur par la ligature [1].

[1] Arteriam unam è magnis et conspicuis quampiam, si
voles, nudabis ; primoque pelle remotâ ipsam ab adjacenti
suppositoque corpore tamdiu separare non graveris quoad
filum circum immittere valeas; deinde secundum longi-
tudinem arteriam incide, calamumque et concavum et
pervium in foramen intrude, vel æneam aliquam fistulam,
quo et vulnus obturetur, et sanguis exilire non possit.
Quoadusque sic se arteriam habere conspicies, ipsam totam pulsare videbis : cum primum vero obductum filum
in laqueum contrahens arteriæ tunicas calamo obstrinxe-
ris, non amplius arteriam ultrà laqueum pulsare videbis,
etiamsi spiritus et sanguis ad arteriam, quæ est ultrà filum,
siculi prius faciebat, per concavitatem calami feratur (c'est

Harvey n'a pas répété l'expérience de Galien. Il la croit à peine possible [1]. Elle est trop compliquée. Il s'en tient à une expérience plus simple. Quand on ouvre une artère, le sang en sort par jets inégaux, alternativement plus faibles et plus forts ; et toujours les plus forts répondent non à la *systole*, mais à la *diastole* de l'artère. C'est donc par l'impulsion, par le choc du sang que l'artère est distendue, que l'artère bat. Si l'artère se dilatait d'elle-même, ce n'est pas au moment où elle se dilate qu'elle pousserait le sang avec plus de force [2].

ici qu'est l'erreur de fait ; *voyez* p. 34, note 1) ; quod si propterea pulsabant arteriæ, pulsarent nunc partes quæ sunt ultrà laqueum, sed non pulsant : igitur perspicuum est, quum moveri posse desinunt, non propter spiritum in concavitatibus discurrentem, sed ob virtutem in tunicas transmissam, arterias à corde moveri. (*An sanguis in arteriis naturá contineatur*, p. 62.)

[1] Nec ego feci experimentum Galeni, nec recte posse fieri vivo corpore ob impetuosi sanguinis ex arteriâ eruptionem puto..... (*Præmium.*)

[2] ....Sed et in arteriotomiâ et vulneribus contrarium manifestum est. Sanguis enim saliendo ab arteriis profunditur cum impetu, modo longius, modo propius vicissim prosiliendo, et saltus semper est in arteriæ diastole et non in systole. Quo clare apparet impulsu sanguinis arteriam distendi. Ipsa enim dum distenditur, non potest sanguinem tantà vi projicere.... (*Ibid.*

A défaut, d'ailleurs, de l'expérience de Galien, Harvey profite d'un cas d'*ossification* de
l'artère crurale, qu'il a occasion d'observer. L'artère bat au-dessous de l'*ossification*; l'*ossification*
n'interrompt donc pas l'effet de la prétendue
vertu pulsifique, ou plutôt, cette prétendue *vertu
pulsifique* n'existe pas : le battement des artères n'est dû qu'au seul mouvement du sang,
qu'au seul effort du sang contre les parois de
l'artère [1].

[1] Sed quo clarius, quod in dubio est appareat, pulsificam
vim non per arteriarum tunicas à corde manare, habeo, è
nobilissimi viri cadavere, arteriæ descendentis portionem,
cum duobus cruralibus ramis, spithamæ longitudine,
exemtam, in os fistulosum conversam; per cujus cavum,
dum vivebat nobilissimus vir, descendens arteriosus sanguis in pedes subditas arterias suo impulsu agitabat : in
quo tamen casu arteria idem passa, tanquam si super ca-
naliculum fistulosum constricta et ligata foret (secundum
Galeni experimentum) ut neque dilatari, eo loco, neque
arctari ut follis, neque vim pulsificam à corde inferioribus
et subditis arteriis communicare, aut per soliditatem ossis
deducere facultatem, quam non susceperat, potuerit.
Nihilominus inferioris arteriæ pulsum agitari in cruribus et
pedibus optime memini, dum vivebat, me sæpissime obser-
vasse.... Quare in illo nobilissimo viro necesse inferiores
arterias ab impulsu sanguinis, ut *utres*, dilatatas fuisse, non
ut *folles* (allusion aux expressions mêmes de Galien, qui
disait que les artères ne se *dilatent* pas, parce qu'elles *s'emplissent* comme des *outres*, mais qu'elles *s'emplissent* parce

Des artères, Harvey passe aux veines ; et c'est là qu'il tire de leurs *valvules* tout le parti que j'ai déjà dit , savoir, que les valvules ne permettent au sang qu'un seul mouvement, le mouvement qui est dans le sens des valvules, le mouvement qui le porte des parties au cœur.

Enfin, Harvey vient à ses expériences. Il en a fait peu, mais elles sont décisives. C'est là le génie.

Quand on lie légèrement un membre, le sang

---

qu'elles se *dilatent* comme des *soufflets*) ab expansione tunicarum....... (*Exercitatio altera ad J. Riolanum.*) — Mais ce n'est pas tout. J'ai répété l'expérience de Galien. Loin d'être *à peine possible*, comme le croyait Harvey, elle n'est pas même très-difficile. J'ai ouvert l'aorte sur un mouton ; j'ai introduit un tuyau de plume par cette ouverture ; j'ai lié l'artère par-dessus le tuyau ; je me suis bien assuré que le sang continuait à couler par le tuyau (ce qui, certainement, n'avait pas lieu dans l'expérience de Galien, soit qu'il eût trop serré, soit que le tuyau se fût bouché, ou du moins n'avait plus lieu que d'une manière très-imparfaite); et, le sang continuant à couler, l'artère a continué de battre *au-dessous* comme *au-dessus* de la ligature. La prétendue *faculté pulsifique* de Galien n'est donc qu'un vain mot. C'est le sang qui *distend* l'artère, et c'est parce que l'artère est *distendue* qu'elle bat. (Voyez mes expériences sur le *battement ou mouvement des artères*, dans mes *Recherches expérimentales sur les propriétés et les fonctions du système nerveux*, etc., seconde édition, Paris, 1842, chap. XXII, p. 368.)

ne s'arrête que dans les veines, parce que les
veines seules sont superficielles. Quand on le lie
plus fortement, le sang s'arrête aussi dans les
artères, qui sont profondes.

Quand on lie une veine, le gonflement se fait
au-dessous de la ligature; quand on lie une
artère, il se fait *au-dessus* ; le sang marche donc
en sens inverse dans les veines et dans les artères : il va des parties au cœur dans les veines,
il va du cœur aux parties dans les artères [1].

Quand on ouvre une artère quelconque, et
qu'on laisse couler le sang, tout le sang sort par
cette ouverture ; donc toutes les parties de l'appareil circulatoire communiquent entre elles : le
cœur, les artères, les veines.

Et si l'on songe, en effet, à la prodigieuse ra-
pidité de la marche du sang, on verra bien vite
qu'il faut nécessairement qu'il en soit ainsi ;

---

[1] Dans mes leçons au *Jardin des Plantes*, pour simuler,
sous les yeux de mes élèves, le passag du sange des artères
dans les veines, je fais l'expérience suivante :

Je fais ouvrir, sur un chien mort, l'artère et la veine
crurales. On insère ensuite une canule dans le bout ouvert
de l'artère, et on pousse de l'eau, au moyen d'une seringue.

Au bout de très-peu d'instants, l'eau, injectée par l'artère, revient par la veine. C'est l'image complète de la
circulation.

ET D'HARVEY.   37

car, à peine le sang entre-t-il dans le cœur qu'il en sort pour passer aux artères ; à peine est-il dans les artères qu'il en sort pour passer aux veines ; à peine est-il dans les veines qu'il passe au cœur ; il passe donc continuellement du cœur aux artères, des artères aux veines, des veines au cœur : ce mouvement, ce *retour* continuel est la *circulation*.

De la découverte de la circulation du sang date la physiologie moderne. Cette découverte marque l'avénement des modernes dans la science. Jusqu'alors ils avaient suivi les anciens. Ils osèrent marcher d'eux-mêmes. Harvey venait de découvrir le plus beau phénomème de l'économie animale. L'antiquité n'avait pu s'élever jusque-là. Que devenait donc la parole du maître ? L'autorité se déplaçait. Il ne fallait plus jurer par Galien et par Aristote : il fallait jurer par Harvey.

Je raconterai, plus loin [1], le ridicule entêtement que la Faculté mit à repousser la circulation, les mauvais raisonnements de Riolan, les plaisanteries inopportunes de Gui-Patin. Ce tort

_____
[1] Voyez les vie et viie chapitres sur *Gui-Patin*.

i

·ne fut le tort que de la Faculté ; il ne fut pas celui de la nation. Molière se moquait de Gui-Patin ; Boileau se moquait de la Faculté [1]. Avant Molière et Boileau, le plus grand des grands modernes, Descartes, avait proclamé la circulation :

« Mais si on demande comment le sang des vei-
« nes ne s'épuise point, en coulant ainsi conti-
« nuellement dans le cœur, et comment les ar-
« tères n'en sont point trop remplies, puisque tout
« celui qui passe par le cœur va s'y rendre, je
« n'ai pas besoin de répondre autre chose que
« ce qui a déjà été écrit par un médecin d'Angle-
« terre, auquel il faut donner la louange d'avoir
« rompu la glace en cet endroit, et d'être le
« premier qui a enseigné qu'il y a plusieurs petits
« passages aux extrémités des artères, par où
« le sang qu'elles reçoivent du cœur entre dans
« les petites branches des veines, d'où il va se
« rendre de rechef vers le cœur ; en sorte que
« son cours n'est autre chose qu'une circulation
« perpétuelle [2]. »

Après Descartes, il faut citer Dionis.

---

[1] Voyez l'*Arrêt burlesque*.
[2] *Discours de la méthode*. Édition de M. Cousin, p. 179

Tandis que la Faculté repoussait la circulation, Dionis l'enseignait au Jardin du Roi : « Je fus « choisi pour démontrer, dit Dionis, dans son « Épître dédicatoire à Louis XIV, à votre Jar- « din royal la circulation du sang et les nou- « velles découvertes, et je m'acquittai de cet « emploi avec toute l'ardeur et toute l'exacti- « tude qui sont dus aux ordres de Votre Ma- jesté [1].... » Ces paroles honorent la mémoire de Louis XIV.

Ainsi, d'une part, la France consacrait une chaire à l'enseignement de la circulation ; et, de l'autre, comme nous le verrons bientôt [2], un Français, Jean Pecquet, complétait cette grande découverte par la découverte du *réservoir du chyle.*

Je viens d'exposer ce qui appartient à Harvey dans la découverte de la circulation du sang ; mais je n'ai parlé que de la *circulation de l'a- dulte* : il reste à voir ce qui lui appartient dans la découverte de la *circulation du fœtus.* Ce sera l'objet du chapitre suivant.

---

[1] *L'anatomie de l'homme suivant la circulation du sang, etc.*

[2] Au IIIe chapitre.

II

De Duverney et de la circulation du fœtus.

J'ai étudié, dans le précédent chapitre, ce qui regarde la découverte de la *circulation de l'adulte* : je vais étudier, dans celui-ci, ce qui regarde la découverte de la *circulation du fœtus*.

Le cœur du *fœtus* n'est point fait comme celui de l'*adulte*.

Dans l'*adulte*, les deux cœurs sont complétement séparés. Une cloison solide, pleine, entière (comme l'est toujours celle des deux ventricules), sépare les deux oreillettes ; et les deux grandes artères, la grande artère de la circulation pulmonaire et la grande artère de la circulation générale, l'*artère pulmonaire* et l'*aorte*, ne communiquent point ensemble.

Dans le *fœtus*, c'est tout le contraire. La cloison des deux oreillettes est percée d'un trou, qui est ce que nous appelons aujourd'hui le *trou ovale* ; et les deux grandes artères, l'*artère pulmonaire* et l'*aorte*, sont réunies par un canal, qui est ce que nous appelons aujourd'hui le *canal artériel*.

Quel peut être l'usage de cette nouvelle structure ?

Mais, d'abord, remarquons bien qu'il y a ici deux choses : la structure et l'usage. Galien a vu la structure, et c'est Harvey qui a vu l'usage.

De Galien.

Dans le fœtus, dit Galien, la *veine cave* s'ouvre dans l'*artère veineuse* (la *veine pulmonaire*) [1]. De même, la *veine artérieuse* et la *grande artère* (l'*artère pulmonaire* et l'*aorte*) sont unies par un troisième vaisseau que la nature a fait exprès pour cette union [2]. Et comme les deux premiers vaisseaux, la *veine cave* et l'*artère veineuse,* se touchent, la nature a percé un trou qui leur est commun ; et, à ce trou, elle a appliqué une membrane, laquelle cède facilement au sang qui va de la *veine cave* à

---

[1] « In fœtibus vena cava in farteriam venosam est per- « tusa. » (*De usu partium*, lib. XV, p. 212.)

[2] « Verum cum hæc vasa inter se aliquantum distarent, « aliud tertium vas exiguum, quod utrumque conjungeret, « natura effecit. » (*Ibid.*)

l'*artère veineuse*, et résiste, s'oppose, au contraire, au retour du sang de l'*artère veineuse*
dans la *veine cave* [1].

Toutes ces choses sont admirables, ajoute
Galien : ce qui est plus admirable encore, c'est
que, peu de jours après la naissance, le trou
qui est entre la *veine cave* et l'*artère veineuse* se
ferme ; le canal qui unit la *veine artérieuse* à la
grande artère s'oblitère ; et qui voudrait, plus
tard, rechercher ces communications premières,
ne les trouverait plus, et même, pour l'une
d'elles , pour le trou commun de la *veine cave*
et de l'*artère veineuse*, il n'en trouverait plus la
trace [2].

[1] « In reliquis vero duobus, cum hæc mutuo sese con--
« tingerent, velut foramen quoddam utrique commune
« pertudit : tum membranam quamdam in eo, instar oper-
« culi, est machinata, quæ ad pulmonis vas facile resupi-
« naretur, quo sanguini à venâ cavâ cum impetu affluenti
« cederet quidem, prohiberet autem ne sanguis rursum in
« venam cavam reverteretur. » '(*De usu partium*, p. 212.)
[2] « Hæc quidem omnia naturæ opera sunt admiranda :
« superat vero omnem admirationem prædicti foraminis.
« haud ita multo post, conglutinatio. Etenim, quamprimum
« animans in lucem est editum,... membranam, quæ est
« ad foramen, coalescentem reperias, nondum tamen
« coaluisse ; cum autem animal perfectum fuerit, ætate-
« que jam floruerit, si locum hunc ad unguem densatum
« inspexeris. negabis fuisse aliquando tempus in quo fue-

Et qu'on ne croie pas, continue Galien, qu'il s'agisse ici de communications , d'ouvertures petites, peu visibles, douteuses, il s'agit d'ouvertures larges, évidentes, patentes, qu'on ne peut nier , qu'on nie pourtant ; mais à ceux qui les nient , je répondrai, s'ils ont des yeux, que je les leur ferai voir, et, s'ils n'ont pas des yeux, s'ils sont aveugles, ils ont du moins des mains, je les leur ferai toucher [1].

Les anatomistes du temps de Galien ressemblaient fort aux anatomistes de tous les temps, toujours lents à observer et toujours prompts à accuser ceux qui observent de se tromper. Ga-

« rit pertusus... Pari modo id vas, quod magnam arteriam « venæ quæ fertur ad pulmonem connectit, cum aliæ « omnes animalis particulæ augeantur, non modo non au- « getur, verum etiam tenuis semper effici conspicitur, « adeo ut, tempore procedente, penitus tabescat, atque « exsiccetur. » (De usu partium, p. 212.)

[1] « ..... Et ego iis, qui nos ita insectantur, si modo ocu- « los habent, ostendam magnæ arteriæ propaginem, et « venæ cavæ orificium,... sin vero sunt cæci, vasa in ma- « nus sibi imposita contrectare jubebo ; nam neque exi- « guum eorum utrumque, neque vulgare est, sed am- « plum admodum, commemorabilemque intra sese habet « meatum, quem non solum is qui oculos habet non « ignoraverit, sed ne is quidem cui tangendi erit potes- « tas, si solum ad anatomen velit accedere. » (De usu par- tium, lib. VI. p. 156.)

lien les compare à cet homme qui, comptant ses
ânes, et oubliant celui sur lequel il était monté,
accusait ses voisins de le lui avoir volé [1]. Les
anatomistes font comme cet homme : ils ou-
blient toujours, dans leur compte, l'erreur sur
laquelle *ils sont montés.*

Des premiers anatomistes modernes, et d'abord de Vésale et de Fallope.

Entre les anatomistes modernes, Fallope est
le premier qui ait vu le *canal artériel,* et Vésale le premier qui ait vu le *trou ovale.* Ces deux
grands hommes ont eu bien des occasions de se
rencontrer [2] : tous deux créaient l'anatomie
moderne ; ils avaient tous deux le génie de
l'observation porté au plus haut degré ; et tous
deux aussi avaient beaucoup d'esprit.

Fallope, écrivant après Vésale, s'étonne que
cette *portion de canal* ou *d'artère,* qui unit la
veine artérieuse à *l'aorte,* ait pu se dérober si

---

[1] « Quibus idem accidit quod illi, qui, cum reliquos
« asinos, prætermisso eo cui ipse insidebat, numerasset,
« suos vicinos, quod eum asinum essent furati postmodum
« accusabat. » (*De usu partium*, p. 156.)

[2] Vésale a écrit un *Examen des Observations* de Fallope,
et les *Observations* de Fallope sont, par le fait, un examen
continuel de l'*Anatomie* de Vésale.

longtemps à l'attention des anatomistes, et de
Vésale par conséquent ; d'autant que, dans le
fœtus, le canal est très-largement ouvert, que,
bien qu'oblitéré plus tard, il forme néanmoins
un corps très-épais, et, enfin, que Galien en a
parlé, quoique, à la vérité, en très-peu de
mots : *verbis paucissimis tamen* [1].

Vous vous étonnez, lui répond Vésale, que
les anatomistes ne fassent aucune mention du
canal qui unit la *veine artérieuse* à la *grande
artère* ; et, à ce sujet, vous citez un passage de
Galien, tiré du livre XV de l'*Usage des parties*.
Mon cher Fallope, ce passage ne m'a point
échappé, et bien moins encore celui-ci du livre VI, dont j'admire que vous ne vous soyez
pas souvenu, et où Galien, de même que dans

---

[1] « In arteriarum historià illud in memoriam venit,
« quod non levem admirationem excitat : 1° quâ ra-
« tione factum sit, quod anatomici fere omnes tam negli-
« genter observarint partem illam canalis vel arteriæ, quâ
« jungitur vena arterialis circa basim cordis ipsi aortæ ;
« cum in fœtu tam aperta pateat, tantusque sit aditus ab
« aortâ ad venam arterialem... Secundo quia à Galeno in
« decimo quinto *De usu partium*, cap. sexto, aliquot (pau-
« cissimis tamen) verbis designatur. » (Gabrielis Falloppii
Observationes anatomicæ : dans l'édition des *Œuvres de
Vésale*, déjà citée, t. II, p. 730.)

le passage du livre XV, parle non-seulement de
cette communication, mais d'une autre placée
entre l'*artère veineuse* et la *veine cave* , et cela,
pour peu du moins qu'on veuille bien y appli-
quer son esprit, ouvertement et fort ample-
ment : *aperte et satis prolixe* [1].

Vésale convient, d'ailleurs, que, s'étant assez
peu arrêté, d'abord, aux ramifications des gros
vaisseaux, il n'avait pas remarqué le *canal artériel*. Mais, depuis, il est revenu au cœur du
fœtus ; il l'a ouvert, et aussitôt le *trou ovale* lui
a manifestement apparu [2]. Il indique la forme

---

[1] « Cæterum (ut ad te redeam) miraris plurimum ana-
« tomicos nullam fecisse mentionem unionis mutuæque
« apertionis venæ arterialis ad magnam arteriam, Gale-
« nique locum ex decimo quinto *De usu partium* adducis.
« Mi Fallopi, hic locus me non latuit, ac multo minus is,
« cujus miror hìc te non meminisse, et quo in sexto *De*
« *usu partium*, Galenus, perinde ac in decimo quinto, non
« tantum hanc unionem, verum et illam, quæ arteriæ
« venali cum cavâ venâ obtigit, satis prolixe et (si quis ani-
« mum sedulò intendit) aperte commemorat. » (Andreæ
Vesalii *Opera*. T. II; p. 798.)

[2] « At quum propagines quasdam, ut veluti vasa quæ-
« dam ex uno vase in aliud producta, extra magnorum va-
« sorum cavitates parum recte pervestigarem, illam unio-
« nem non reperi... Mox in fœtu, venæ cavæ caudicem,...
« longâ sectione secundum rectitudinem aperui. Hic sese
« tum nihil manifestius mihi obtulit quam maximum venæ

ovale de ce grand trou : *ovatâ præditum effigie* [1]. Il étudie le *canal artériel* ; il l'ouvre [2] ; et, toujours les yeux fixés sur le passage de Galien [3], il admire la manière lumineuse dont Galien en a parlé : *miratus fui, quamobrem Galenus hic tam dilucide vasis privatim meminit, quo vena arterialis in magnam arteriam pertinet* [4].

D'Arantius et de Carcanus.

Arantius était élève de Vésale ; Carcanus était élève de Fallope. A peine Vésale et Fallope venaient-ils de jeter, avec tant d'éclat, les premières bases de l'anatomie de l'adulte, qu'Arantius et Carcanus commençaient déjà l'anatomie du fœtus.

Arantius, dans son livre sur le *fœtus humain*, nous avertit, tout de suite, qu'il ne se propose que de rendre plus clair, en le complétant, ce

---

« cavæ in venalem arteriam pertinens foramen... » (T. II, p. 798.)

[1] *Ibid.*

[2] « Pari artificio, venæ arterialis caudicem... longâ etiam « sectione patefeci, caudicisque illius cum magnâ arteriâ « unionem et mutuum foramen observavi. » (*Ibid.*)

[3] « Sedulò Galeni locis rursus perlectis. » (*Ibid.*)

[4] *Ibid.*

que Galien a si bien dit des vaisseaux du cœur
du fœtus : *quod Galenus optime declaravit* [1].
Carcanus s'exprime comme Arantius [2].

Voilà donc , me direz-vous , un concert
d'hommages bien remarquable : Vésale et Fallope disputent à qui proclamera plus haut la découverte de Galien ; Arantius et Carcanus par-
tagent cette grande admiration et la continuent.

Assurément si, après cela, il prend jamais
envie aux anatomistes de donner le nom d'un
homme à l'une de ces deux choses, le *trou
ovale* ou le *trou artériel* , au *trou ovale* , par
exemple, ce sera le nom de Galien qu'on lui
donnera ; on l'appellera le *trou Galien*.

Point du tout, on l'appelle le *trou Botal*.

De Botal.

Botal n'était pas précisément un anatomiste.
C'était un très-hardi médecin , qui , arrivant

---

[1] « Quod cordis vasa, aorta scilicet venæ arteriali, et vena
« cava arteriæ venali, conjugantur, Galenus optime decla-
« ravit,... sed cum ab ipso non ita perspicuè descripta
« fuerint, ut facile à minus exercitatis intelligi possent, ad
« ejus sententiæ explicationem pauca quædam addere con-
« stitui. » (*De humano fœtu*, édition de 1595, p. 37.)

[2] *De vasorum cordis in fœtu unione.*

à Paris [1] dans un moment où la Faculté abusait des purgatifs, ne pouvait guère manquer de faire impression, car il abusait de la saignée [2]; la Faculté purgeait ses malades à outrance, il saigna les siens sans pitié; la Faculté se fâcha [3], Botal tint bon: depuis Botal jusqu'à Broussais, tous ceux qui ont tenu bon contre la Faculté sont promptement devenus célèbres.

Botal, disséquant un jour un cadavre sur lequel, ce qui a lieu quelquefois, le *trou ovale* était resté ouvert, vit ce trou, et s'imagina qu'il venait de faire la plus grande découverte qui pût être faite.

Il y a quelque temps, dit-il, que, méditant sur le dissentiment qui règne entre Galien et Colombo touchant la route que suit le sang à travers le cœur, Galien soutenant qu'il passe par les *trous de la cloison mitoyenne* et Colombo par l'*artère veineuse*, j'ouvris un cœur, et tout aussitôt j'aperçus un conduit très-large, allant

[1] Botal était d'Asti en Piémont.
[2] Voyez son traité *De curatione per sanguinis missionem.*
[3] On écrivit beaucoup alors de part et d'autre sur la saignée; et cette lutte même fut très-utile.

5

directement de l'oreillette droite dans l'oreillette gauche, lequel conduit, ou veine, peut à bon droit être nommé la *veine nourricière des artères*, car c'est par elle que le *sang artériel* se rend dans le ventricule gauche, et de là dans toutes les artères, et non par la *cloison* ou par l'*artère veineuse*, comme Galien et Colombo l'avaient pensé [1].

Botal se trompe ici sur tout : d'abord, le sang qui passe, par le *trou ovale*, de l'oreillette droite dans l'oreillette gauche, n'est pas le *sang artériel*, c'est le *sang veineux* ; la prétendue *veine*

---

[1] « Diebus iis proxime peractis, cum Galenum atque
« Columbum dissentire viderem de viâ, quâ in cor sanguis,
« qui per arterias vagatur, fertur, asserente Galeno hunc
« in cor transfundi per parva foraminula cordis septo in-
« sita, Columbo vero per alia (Colombo ne dit pas *per alia*,
« mais *per arteriosam venam* ; et il dit bien : Botal ne s'a-
« perçoit même pas combien ici l'exactitude importe.
« *Voy.* ch. Ier, p. 18) ad arteriam venosam,... cor divi-
« dere occœpi, ubi... satis conspicuum reperi ductum,
« juxtà auriculam dextram, qui statim in sinistram aurem
« recto tramite fertur ; qui ductus, vel vena, jure arteria-
« rum.... nutrix dici potest, ob id quod per hanc feratur
« *sanguis arterialis* in cordis sinistrum ventriculum, et
« consequenter in omnes arterias, non autem per septum,
« vel venosam arteriam, ut Galenus vel Columbus putave-
« runt. » (Botalli *Opera omnia*, édition de Van Horne, 1660,
p. 66.,

ne peut donc être dite, à aucun titre, la *veine nourricière des artères* ; en second lieu, ce *trou* n'existe pas dans l'adulte ou n'y existe que par exception ; ce *trou* est un caractère d'organisation fœtale, et seul, entre tous ceux qui en ont parlé, Botal ne l'a pas compris ; enfin, Botal nous dit que ce *trou*, ce *conduit* (cette *veine*, comme il l'appelle), n'avait été vu par personne avant lui : *à nullo anteà notata*[1] ; et le *trou ovale* avait été vu, décrit, admirablement décrit, par Galien, par Vésale, par Arantius et par Carcanus.

De l'usage du canal artériel et du trou ovale.

Galien se demande quel est l'usage du *canal artériel* et du *trou ovale ;* et voici comment il répond.

Mais cette réponse est toute une théorie, et très-compliquée, très-fine, surtout très-suivie, ce qui est le cachet des grands maîtres. On n'explique pas Galien par morceaux. Dans ses théories, il faut se résoudre à entendre tout, ou se résoudre à ne rien entendre.

Ici, par exemple, l'idée qu'il se fait de l'u-

[1] « *Vena arteriarum nutrix, à nullo anteà notata :* » tel est le titre même sous lequel Botal a publié sa prétendue découverte.

sage du *canal artériel* et du *trou ovale* tient à
l'idée qu'il s'était faite de l'usage des veines et
des artères ; l'idée qu'il s'était faite de l'usage
des veines et des artères tient à l'idée qu'il s'é-
tait faite de l'usage des deux espèces de sang, le
sang spiritueux et le *sang veineux ;* et l'idée
qu'il s'était faite de l'usage de ces deux sangs, à
l'idée qu'il se faisait de la nature des organes,
dont les uns voulaient plus de *sang veineux* que
de *sang spiritueux*, et les autres plus de *sang
spiritueux* que de *sang veineux*.

Le poumon veut plus de *sang spiritueux* que
de *sang veineux* : tous les autres organes, moins
délicats, moins légers, veulent plus de *sang veineux* que de *sang spiritueux* [1]. Le sang spiritueux, plus subtil, est contenu dans les artères,
dont les tuniques sont denses ; le *sang veineux*,
plus épais, est contenu dans les veines, dont les
tuniques sont minces.

Aussi tous les organes qui veulent plus de
sang veineux que de *sang spiritueux* (c'est-à-

[1] ..... Pulmonis corpus leve est, ac rarum, et velut ex
spumâ quâdam sanguineâ concretâ conflatum, ob eamque
causam puro sanguine, et vaporoso, ac tenui indiguit, non
autem, quomodo jecur, limoso et crasso. (*De usu partium*,
p. 151.)

dire tous les organes, moins le poumon), reçoivent-ils le *sang spiritueux* par les artères dont les tuniques denses n'en laissent passer que la partie la plus subtile, que l'*esprit* [1], et le *sang veineux* par les veines dont les tuniques minces laissent passer le sang [2].

Au contraire, le poumon, qui veut beaucoup de *sang spiritueux* et peu de *sang veineux*, reçoit le *sang spiritueux* par une veine (ou, pour parler comme Galien, par une artère qui a les tuniques d'une veine, l'*artère veineuse*), et le sang veineux par une artère (ou, pour parler toujours comme Galien, par une veine qui a les tuniques d'une artère, la *veine artérieuse*).

---

[1] ..... Nihil nisi tenuissimum sinit elabi. (*De usu partium*, p. 151.)

[2] ..... Quod ergo satius fuit in toto animalis corpore sanguinem quidem tenui ac rarâ, spiritum vero crassâ ac densâ concludi tunicâ, longâ egere ratione non arbitror : satis enim puto esse substantiæ utriusque rationem ac differentiam obiter indicare ; quod silicet sanguis quidem crassus est, gravis, ægreque mobilis, spiritus vero tenuis, et levis, et citus ; quodque periculum erat ne hic expiraret repente, atque evolaret ab animali, nisi crassis, et densis, atque undique constrictis asservatus fuisset tunicis, atque coercitus : contrà vero in sanguine, nisi tenuis et rara fuisset quem ipsum continet tunica, non facile circumfusis partibus distribueretur... (*Ibid.*, p. *id.*)

Voilà pour l'adulte. Passons au fœtus.

C'est le *sang spiritueux* qui donne au poumon de l'adulte ce tissu fin, délicat, mobile, que l'on dirait fait de l'*écume du sang* : *velut ex quâdam sanguineâ concretâ spumâ conflatum* [1].

Mais le poumon n'a besoin de ce tissu *privilégié* [2], qu'après la naissance. Dès la naissance, il se meut. Avant la naissance, il est immobile. Il n'a donc besoin alors que du même tissu, que du même sang que les autres organes : aussi est-il alors épais, grossier, rouge comme eux ; et, comme eux aussi, par un changement singulier, reçoit-il alors plus de *sang veineux* que de *sang spiritueux* [3]. Comment un tel change-

---

[1] *De usu partium*, p. 151.

[2] « ..... Constructionem ipsius fecerit *eximiam* præter « reliquas omnes animalis partes. » (*De usu partium*, p. 151.)

[3] « At cur pulmo in iis, qui adhuc utero geruntur, est « ruber, non autem, ut in perfectis animalibus, subal « bus? quia tunc nutritur (quemadmodum reliqua vis « cera) per vasa unicam tunicam, et eam tenuem haben « tia ; ad ea nam ex venâ cavâ sanguis pervenit, quo « tempore fœtus utero gestatur : in natis vero occæcatur « quidem vasorum perforatio,..... quin etiam pulmo tunc « motu perpetuo agitatur,... æquum est igitur hìc quoque « naturam admirari, quæ cum viscus augeri duntaxat « oporteret, sanguinem purum ei suppeditabat ; cum verò

ment a-t-il pu se faire ? Il s'est fait, parce qu'il y a deux communications, deux ouvertures dans le fœtus, qui ne sont pas dans l'adulte : le *canal artériel* et le *trou ovale*.

Le *canal artériel* et le *trou ovale* changent tout, par rapport au poumon, dans le cours du sang du fœtus.

Dans l'adulte, l'*artère veineuse* porte au poumon le *sang spiritueux* qu'elle a reçu du ventricule gauche (ventricule où l'esprit se forme) ; dans le fœtus, l'*artère veineuse* porte au poumon le *sang veineux* qu'elle reçoit immédiatement de la *veine cave* par le *trou ovale* [1].

Dans l'adulte, la *veine artérieuse* porte au poumon le *sang veineux* qu'elle a reçu de la *veine cave* ; dans le fœtus, la *veine artérieuse* porte au poumon le *sang spiritueux* qu'elle reçoit de l'*aorte* par le *canal artériel*.

Entre le fœtus et l'adulte, tout est donc opposé.

« ad motum fuit translatum, carnem levem..... fecit...
« ob eam igitur causam in fœtibus vena cava in arteriam
« venosam est pertusa. » (*De usu partium*, p. 212.)
[1] « Probavimus... in fœtibus necessarium esse, cum ar-
« teria venosa sanguinem à venà cavà accipiat, trahi ex eà
« non minimum..... (*Ibid.*, p. 156.)

Dans l'adulte, le poumon reçoit beaucoup de *sang spiritueux* et peu de *sang veineux ;* il reçoit, dans le fœtus, beaucoup de *sang veineux* et peu de *sang spiritueux ;* dans l'adulte, le *sang spiritueux* arrive au poumon par l'*artère veineuse,* il lui arrive, dans le fœtus, par la *veine artérieuse ;* dans l'adulte, le *sang veineux* arrivait par la *veine artérieuse,* il arrive par l'*artère veineuse,* dans le fœtus ; et l'effet du *canal artériel* et du *trou ovale* est précisément d'intervertir, de changer ainsi le rôle de ces deux vaisseaux, donnant à l'*artère veineuse* le rôle de la *veine artérieuse* et à la *veine artérieuse* le rôle de l'*artère veineuse.*

D'Harvey.

Galien suppose que le sang passe par le *trou ovale,* pour aller de l'oreillette droite dans l'oreillette gauche, de l'oreillette gauche dans la veine pulmonaire, et de la veine pulmonaire dans le poumon. Non : le sang passe par le *trou ovale* pour aller de l'oreillette droite dans l'oreillette gauche, de l'oreillette gauche dans le ventricule gauche, du ventricule gauche dans l'aorte, et de l'aorte dans toutes les parties, en échappant au passage par le poumon. Galien suppose que le sang va, par le *canal artériel*, de l'aorte dans l'artère pulmonaire, et de l'artère pulmonaire dans le poumon : non, il va, par le *canal artériel*, de l'artère pulmonaire dans l'aorte, et de l'aorte dans toutes les parties, en échappant encore au passage par le poumon. En un mot, le *trou ovale* et le *canal artériel* ne sont pas faits pour que le sang aille au poumon, dans le fœtus, par une autre route que dans l'adulte, comme le croyait Galien ; ils sont faits pour qu'il n'y aille pas du tout [1].

Dans l'adulte, il y a deux circulations : la *pulmonaire* et la *générale* ; dans le fœtus, il n'y en a qu'une, la *générale*. Tout, dans l'adulte, est disposé pour qu'il y ait deux circulations, car ni les deux cœurs, ni les deux grandes artères ne communiquent ensemble ; et tout, dans le fœtus, est disposé pour qu'il n'y en ait qu'une, car les deux cœurs (c'est-à-dire les deux oreillettes) communiquent ensemble par le *trou*

[1] Ou, du moins, qu'il n'y aille qu'en la moindre quantité possible : il ne peut y aller, en effet, que ce qui échappe au *trou ovale* et au *canal artériel*.

ovale, et les deux grandes artères par le *canal artériel*.

Dans l'adulte, les deux cœurs étant complétement séparés, le sang ne peut aller d'un cœur à l'autre qu'en passant par le poumon; et c'est ce qui fait que l'adulte a une *circulation pulmonaire* : dans le fœtus, où les deux cœurs sont unis, le sang va de l'un à l'autre directement par le *trou ovale* [1] ; et c'est ce qui fait que le fœtus n'a pas de *circulation pulmonaire*.

Le grand point, dans l'adulte, est que le sang aille au poumon, parce que c'est par le poumon que l'adulte respire; le grand point, dans le fœtus, est qu'il n'y aille pas, parce que ce n'est pas par le poumon que le fœtus respire.

Le fœtus respire par un autre organe [2].

Le poumon du fœtus ne respire pas, ne se dilate pas ; il ne peut donc recevoir le sang de la *circulation générale ;* et, comme l'a si bien vu Harvey, l'homme du monde le plus ingénieux à tirer parti des *structures* pour arriver à la dé-

---

[1] Et directement aussi de l'*artère pulmonaire* à l'*aorte* par le *canal artériel*.

[2] Par les vaisseaux du *placenta* dans les vivipares; par les vaisseaux de l'*allantoïde* dans les ovipares.

couverte des *usages*, grâce au *canal artériel* et
au *trou ovale*, il ne le reçoit pas [1].

De Duverney et de Méry.

Le livre d'Harvey avait paru en 1628. En
1699, plus d'un demi-siècle plus tard, et lorsque toutes les idées de ce grand homme, tant sur
la circulation de l'adulte que sur la circulation
du fœtus, étaient adoptées, et depuis un certain
temps adoptées, il s'éleva tout à coup dans notre
Académie une discussion fort vive touchant la

[1] « Ex quibus intelligitur in embryone humano,... id
« ipsum accidere, ut cor suo motu, per patentissimas vias
« sanguinem de venâ cavâ in arteriam magnam apertissime
« traducat, per utriusque ventriculi ductum. Dexter si
« quidem sanguinem ab auriculâ recipiens, inde per ve-
« nam arteriosam, et propaginem suam (canalem arterio-
« sum dictam) in magnam arteriam propellit. Sinister si-
« militer eodem tempore, mediante auriculæ motu, recipit
« sanguinem (in illam sinistram auriculam deductum sci-
« licet per foramen ovale è venâ cavâ), et tensione suâ, et
« constrictione per radicem aortæ in magnam itidem arte-
« riam simul impellit... Ita in embryonibus, dum pulmo-
« nes otiantur, et nullam actionem aut motum habent,
« quasi nulli forent, natura duobus ventriculis cordis quasi
« uno utitur, ad sanguinem transmittendum..... » (Gul.
Harvei *Exercit. anat. de motu cordis.* etc., cap. vi.)

marche que suit le sang dans le cœur du fœtus.

Dans cette discussion célèbre entre deux anatomistes d'une habileté profonde, Méry et Duverney, Méry eut constamment tort et Duverney
constamment raison. Méry avait pourtant beaucoup d'esprit, mais il n'avait pas l'esprit juste
de Duverney. On connaît ce mot de Méry, que
nous a conservé Fontenelle : « Nous autres, ana-
« tomistes, nous sommes comme les crocheteurs
« de Paris, qui en connaissent toutes les rues
« jusqu'aux plus petites et aux plus écartées,
« mais qui ne savent pas ce qui se passe dans
« les maisons [1]. »

Méry convenait que le sang qui passe par le
canal artériel va de l'artère pulmonaire à l'aorte,
et par conséquent échappe au poumon, comme
l'avait dit Harvey. La difficulté n'était que par
rapport au *trou ovale*. Selon Harvey, le sang,
qui passe par le *trou ovale*, va de l'oreillette
droite à l'oreillette gauche : Méry voulut que ce
fût le contraire, et qu'il allât de l'oreillette gauche
à l'oreillette droite.

Duverney soutint l'opinion d'Harvey.

Le *trou ovale* est, d'abord, complétement

---

[1] Fontenelle, *Éloge de Méry.*

ouvert. Bientôt une petite membrane naît de
ses bords, qui peu à peu grandit, se développe,
s'élève et finit par le fermer [1]. Or, cette membrane est toujours disposée de manière à céder
au sang qui va de l'oreillette droite à l'oreillette
gauche, et à résister, au contraire, au sang qui
serait poussé de l'oreillette gauche dans l'oreillette droite.

C'est ce qu'avaient déjà vu Harvey [2] avant
Duverney, et Galien avant Harvey [3].

« Il est constant, dit Duverney, que la valvule
« du trou ovale du fœtus est située de manière à
« donner un libre passage au sang de la veine

---

[1] Voyez, à la suite de ce chapitre, une note sur le mécanisme de l'*occlusion* du trou ovale.

[2] « Insuper in illo foramine ovali è regione, quæ arte-
« riam venosam respicit, operculi instar membrana tenuis
« et dura est, foramine major, quæ postea in adultis, ope-
« riens hoc foramen, et coalescens undique, istud om-
« nino obstruit, et prope obliterat. Hæc, inquam, mem-
« brana sic constituta est, ut, dum laxe in se concidit,.....
« sanguini à cavâ affluenti cedat quidem, at ne rursus in
« cavam refluat, impediat : ut liceat existimare in embryone
« sanguinem continuò debere per hoc foramen transire de
« venâ cavâ in arteriam venosam, inde in auriculam si-
« nistram cordis, et postquam ingressum fuerit, remeare
« nunquam posse. » (*Ibid.*, p. 44.)

[3] Voyez la note 1 de la page 42.

« cave dans l'oreillette gauche du cœur, et à le
« lui fermer au retour [1]. »

« La soupape du trou ovale du fœtus, dit-il
« encore, permet bien au sang de passer facile-
« ment de la veine cave dans la veine du poumon,
« mais elle l'empêche absolument de revenir [2]. »

Il dit plus loin : « Le canal artériel du fœtus
« sert à décharger les poumons, en faisant passer
« la meilleure partie du sang de l'artère du pou-
« mon dans l'aorte [3]. »

Il dit enfin : « A l'égard du fœtus humain, qui
« ne respire point tant qu'il est dans le sein de
« la mère, si le sang fourni par les deux veines
« caves allait circuler par le poumon, il l'expo-
« serait à des accidents mortels ; il a donc fallu
« que la nature pourvût à la décharge des pou-
« mons par des routes particulières, et c'est ce
« qu'elle a fait au moyen du trou ovale et du
« canal artériel [4]. »

On ne pouvait se faire des idées plus justes
de toutes ces choses.

---

[1] *Mém. de l'Acad. des sc.*, année 1699, p. 255.
[2] *Ibid.*, p. 253.
[3] *Ibid.*, p. 254.
[4] *Ibid.*, p. 257.

Mais Duverney ne s'en tient pas là. De cette étude si bien conduite, de cette conception si nette de la circulation du fœtus, il s'élève aux considérations les plus importantes et les plus neuves, et sur l'action de l'air dans la respiration, et sur le rôle de la respiration dans les diverses classes.

Harvey avait déjà senti le rapport profond qui lie la circulation à la respiration.

La question serait maintenant, dit-il, de savoir pourquoi il faut que le sang passe par le poumon dans l'adulte, et pourquoi il ne le faut pas dans le fœtus; pourquoi il le faut dans l'homme et dans les animaux à *sang chaud* comme lui, et pourquoi il ne le faut pas (du moins aussi complétement) dans ceux qui ont le *sang froid*, comme la tortue, comme la grenouille.... Serait-ce que, dans l'homme, et les autres animaux à sang chaud, le sang est en effet si chaud qu'il *s'enflammerait*, qu'il *s'embraserait* peut-être, *igniatur*, s'il n'allait au poumon pour s'y mêler à l'air et s'y refroidir [1] ?...

[1] « Restat ut illud perquiramus... Aut cur melius sit in
« adolescentibus, sanguinis transitui naturam omnino oc-

Harvey ne soupçonne encore, comme on voit, à la respiration d'autre usage que de *rafraîchir*, de *refroidir* le sang ; et sans doute, pour passer, d'une manière sûre, de cette idée à l'idée contraire, à l'idée que la respiration est la source de la *chaleur* du sang, il fallait le secours de la nouvelle chimie. Cependant une certaine vue attentive des faits de l'anatomie comparée pouvait aussi conduire à cette idée contraire et si grande ; et elle y avait conduit Duverney.

« Quand on considère, dit Duverney, que le « sang de la veine du poumon est toujours d'un « rouge plus vermeil que celui de l'artère, on « juge aisément qu'il s'y est chargé de quelques « particules d'air [1]. »

___

« clusisse vias patentes illas, quibus antè in embryone et « fœtu usa fuerat..... Cur in majoribus et perfectioribus « animalibus, iisque adultis, natura sanguinem transcolari « per pulmonum parenchyma potius velit quam ut in cæ- « teris animalibus... Sive hoc sit quod majora et perfec- « tiora animalia sint calidiora, et cum sint adulta, eorum « calor magis (ut ita dicam) igniatur et ut suffocetur sit pro- « clivis, et ideo tranare et trajici per pulmones, ut inspirato « aere contemperetur, et ab ebullitione et suffocatione vin- « dicetur... » (G. Harvey, *Opera*, p. 47.)

[1] *Mém. de l'Acad. des sc.*, année 1701, p. 238.

« C'est dans le poumon, ajoute-t-il, que l'air
« communique au sang des parties si actives et
« si pénétrantes que sa chaleur en dépend ; c'est
« par ce mélange qu'il est rendu propre à la
« nourriture.... Il ne faut donc pas s'étonner si
« l'homme, qui doit fournir à tant de sensa-
« tions si différentes et à tous les mouvements
« de la veille, qui sont si violents et d'une si
« longue durée, a aussi besoin que tout le sang
« circule par le poumon ; mais il suffit à la tor-
« tue (et autres animaux pareils, la grenouille,
« la salamandre, etc.), qui passe tout l'hiver
« dans le repos et dans une espèce d'engour-
« dissement, qui n'a que des mouvements fort
« lents,.... que le tiers du sang soit porté dans le
« poumon.... [1] »

Enfin, il écrit cette phrase : « La principale
« fonction du poumon est d'imprégner le sang
« d'air, et de le rendre par là capable de porter
« partout l'aliment, la vie et la chaleur [2]. »

Il n'était guère possible de toucher de plus
près à la vérité.

Je viens d'étudier, dans ces deux chapitres,

[1] *Ibid.*, année 1699, p. 248.
[2] *Ibid.*, année 1701, p. 240

l'histoire de la découverte de la *circulation du sang* proprement dite ; il me reste à parler de la découverte des *vaisseaux lactés* ou *chylifères*, et de celle du *réservoir du chyle* : ce sera le sujet du chapitre que l'on va lire.

NOTE

SUR LE TROU OVALE

ET

SUR LE CANAL ARTÉRIEL.

I. — DU TROU OVALE.

1º Époque où le trou ovale est complétement fermé.

Sur le *cochon d'Inde*, à 12 jours.
Sur le *lapin*, à 16 jours.
Sur le *chien*, à 23 jours.
Sur le *veau*, entre 1 an et 2 ans.
Sur l'*homme :* il ne l'est pas encore à 18 mois.

2º Filaments du trou ovale.

Ces filaments n'existent, parmi les animaux que j'ai pu examiner, que sur le *veau* et le *cheval*.

Dans le veau, je les ai trouvés sur les plus petits embryons (2 mois) que j'aie vus.

3º Comment sont disposés d'abord les filaments, et comment ensuite ils se réunissent pour amener l'occlusion du trou ovale.

Les filaments n'existent jamais seuls, ils se développent toujours en même temps qu'une membrane dont le bord adhérent s'insère au bord postérieur du trou ovale. Les filaments naissent, au nombre de 12 ou 15 au moins, du bord libre de la membrane. Mais ils se réunissent presque aussitôt les uns aux autres, se séparent ensuite pour se réunir de nouveau et forment ainsi un réseau à mailles variées et de plus en plus larges à mesure qu'on s'éloigne du bord de la membrane. — Ce réseau, pour ainsi dire suspendu dans l'oreillette gauche, se termine par 3 ou 4 filaments qui viennent s'insérer à la face gauche de la cloison des oreillettes, à 1/2 centimètre à peu près du bord antérieur du trou ovale. — Les filaments terminaux, au lieu de leur insertion à la cloison des oreillettes, forment comme des arches de pont, l'arche médiane étant plus large que les autres.

A mesure que l'animal se développe, la membrane et le réseau des filaments s'épaississent : par suite de ce grossissement des filaments, les mailles diminuent d'étendue et finissent par disparaître. Les points d'insertion terminale des filaments restent toujours au même nombre et dans la même situation. Au bout d'un certain temps, il ne reste plus que 3 ou 4 arches formées par le bord libre de la membrane et les filaments très-raccourcis et très-grossis. Ces arches disparaissent à leur tour par le même procédé, et il n'y a plus de communication entre les deux oreillettes. — Avant que cette communication soit complétement fermée, il reste un canal très-oblique qui s'étend de l'oreillette droite jusque dans l'oreillette gauche. Quelquefois ce canal persiste dans l'adulte (*vache* et *mouton*).

Dans les animaux qui n'ont pas de filaments, le mécanisme est à peu de chose près semblable. C'est aussi par l'hypertrophie de la membrane et de ses insertions dans l'oreillette gauche que le trou ovale se ferme ; et il y a aussi un canal très-oblique qui peut persister dans l'adulte (*chien, lapin, homme,* etc.

II. — DU CANAL ARTÉRIEL.

Époque où le canal artériel est complétement oblitéré.

Sur le *chien,* il est oblitéré à 36 jours.

Sur le *lapin,* à 26 jours.

Sur l'*homme.* Je n'ai examiné le canal que sur des enfants de 18 mois à 2 ans : il n'était pas encore fermé.

Le canal artériel paraît se fermer d'abord par sa partie moyenne : les deux extrémités restent encore ouvertes assez longtemps après que le canal est oblitéré à sa partie moyenne.

III

D'Aselli. — De Pecquet. — De Rudbeck. — De Bartholin

ou

Des vaisseaux chylifères. — Du réservoir du chyle. — Des vaisseaux
lymphatiques.

Je l'ai déjà dit : de la découverte de la circulation du sang date la physiologie moderne.

Harvey découvre la circulation du sang
de 1619, époque où il l'expose dans ses leçons,
à 1628, époque où il la publie dans son livre [1] ;
et vers ce même temps, un souffle nouveau, le
souffle divin des découvertes, anime tous les
esprits : Aselli découvre les vaisseaux chylifères
en 1622 ; Pecquet, le réservoir du chyle en 1648 ;
Rudbeck et Thomas Bartholin, les vaisseaux
lymphatiques de 1650 à 1652. Rien n'a été plus
beau que ce premier élan du génie moderne.

Les anciens n'ont connu ni les vaisseaux chy-

---

[1] « Per novem et amplius annos multis ocularibus de-
« monstrationibus in conspectu vestro confirmatam..... »
(Voyez son *épître dédicatoire*, p. 1.)

lifères, ni les vaisseaux lymphatiques, ni le réservoir du chyle.

Galien croyait que le chyle était pris par les
veines des intestins, qu'il était porté par ces veines
au foie, et que c'était dans le foie qu'il se changeait en sang. Galien croyait aussi que c'était
dans le foie que le sang noir se changeait en
sang rouge.

Le foie était donc, tout ensemble, l'organe
de la conversion du chyle en sang, et l'organe
de la conversion du sang noir en sang rouge : le
foie était l'organe de la *sanguification*.

La théorie de la *sanguification*, de la formation du sang par le foie, est, de Galien, la
grande théorie et la grande erreur : erreur savante (car il en est de telles, et ce sont les plus
tenaces), qui commence avec Galien, qui se
soumet Harvey, qui ne s'arrête que devant Pecquet ; et contre laquelle il a fallu toutes les découvertes que je viens de dire, celle des vaisseaux
chylifères, celle des vaisseaux lymphatiques, celle
du réservoir du chyle, et d'autres encore, celle
du vrai usage de la respiration, celle de la vraie
action de l'air sur le sang, celle du vrai usage du
cœur, etc., etc.

C'est toute cette suite merveilleuse de découvertes qu'il nous reste à voir.

De Galien et de la théorie de la sanguification.

Quatre points constituent, comme je viens de le dire, la théorie de la *sanguification* :

Le premier, que le chyle est pris par les veines des intestins ;

Le second, que ces veines le portent au foie ;

Le troisième, que c'est dans le foie qu'il se change en sang ;

Le quatrième, que c'est dans le foie que le sang noir se change en sang rouge.

Mais à ces quatre points-là s'en joignaient deux autres, la formation des *esprits*, et l'entretien, le maintien durable de la *chaleur innée*.

1° et 2° Le *chyle pris par les veines des intestins et porté au foie*. A mesure, dit Galien, que le chyle se forme dans l'estomac et les intestins, les veines le prennent et le portent à un lieu commun et central, qui est le foie [1].

Galien compare très-ingénieusement les veines des intestins aux racines des arbres : les plus petites se réunissant à de plus grosses, celles-ci

---

[1] « Prius elaboratum in ventriculo alimentum venæ ipsæ

Galien compare très-ingénieusement les veines des intestins aux racines des arbres : les plus petites se réunissant à de plus grosses, celles-ci à de plus grosses encore, et toujours ainsi jusqu'au foie, où elles se réunissent toutes en une, qu'on nomme la *veine porte*[1], parce qu'elle est la *porte* du foie, la *porte* par où passe tout ce qui arrive au foie[2].

3° *Conversion du chyle en sang.* Parvenu au foie, le chyle y fermente, s'y cuit, s'y dépouille des parties impures, s'y change en sang, de la

« deferunt ad aliquem concoctionis locum communem « totius animalis, quem hepar nominamus. » (*De usu partium*, lib. IV, p. 135.)

[1] « Colligens verò natura, ut in arboribus, exiguas illas « radices in crassiores, ità in animalibus vasa minora in « majora, et ea rursus in alia majora, idque semper agens « usque ad hepar, in unam omnia venam coegit, quæ ad « portas sita est. » (*Ibid.*, p. 141.) *Quæ ad portas sita est ;* littéralement : *qui est située aux portes, à la porte du foie.* Mais ce lieu n'est la porte du foie que parce qu'il reçoit la *veine porte* et tout ce qu'elle y conduit ou apporte. — « La « *veine-porte*, ainsi nommée par les anciens, à cause qu'ils « croyaient qu'elle apportait au foie le chyle, pour y être « converti en sang. » (Dionis : *Anatomie de l'homme suivant la circulation*, etc., 5ᵉ édit., p. 203.)

[2] « Quemadmodum in urbes nihil nisi per portas invehi « potest : ità nihil potest in jecur deferri, nisi prius in hunc « feratur locum. » (*De constitut. art. med.*, p. 41.)

même manière que le *moût*, mis en cuve, fermente, cuit, se dépouille de ses parties grossières, et se change en vin [1] : « tout ainsi, dit « Descartes, que le suc des raisins noirs, qui est « blanc, se convertit en vin clairet, lorsqu'on le « laisse cuver sur la râpe [2]. »

Et remarquez bien que le foie a tout ce qu'il faut pour ce *dépouillement* des parties impures, car il a la *vésicule du fiel*, la *rate* et les *reins* [3] : la *vésicule*, qui reçoit, qui attire les parties les plus légères ; la *rate*, les plus épaisses ; et les *reins*, les parties aqueuses [4].

[1] « Porro, juxtà exempli similitudinem, intellige mihi « distributum à ventriculo ad hepar chylum, à visceris « caliditate, velut vinum ipsum in dolio musteum, fervere, « concoqui, et alterari in sanguinis boni generationem. » (*De usu partium*, lib. IV, p. 136.)

[2] « Même il est ici à remarquer que les pores du foie sont « tellement disposés, lorsque cette liqueur entre dedans, « qu'elle s'y subtilise, s'y élabore, y prend sa couleur rouge « et acquiert la forme du sang, tout ainsi que le suc des « raisins noirs, qui est blanc, se convertit en vin clairet, « lorsqu'on le laisse cuver sur la râpe. » (T. IV, p. 338.)

[3] « ..... Excrementorum expurgatoria instrumenta : re- « nes, lienem, bilisque receptricem vesicam. » (*De Hipp. et Plat. decret.*, lib. VI.)

[4] « Vesicam, quæ leve et flavum superfluum receptura « erat, natura imposuit hepati ; splenem verò qui crassum « et limosum...., renes tenue hoc et aquosum excremen- « tum. » (*De usu partium*, lib. III, p. 136.)

4° *Conversion du sang noir en sang rouge.* Le chyle, que reçoit le foie, n'est pas le sang ; ce n'en est qu'une forme obscure [1] : c'est dans le foie seul que le chyle reçoit sa forme suprême et dernière de sang parfait, et que ce sang parfait, ce sang pur prend la couleur rouge [2].

Le mérite constant de Galien est d'avoir des idées suivies, et son tort constant est de ne pas vérifier ses idées par l'expérience. Ici, par exemple, la plus simple expérience lui eût montré combien il se trompait. Il n'avait qu'à mettre à nu le foie, sur un animal vivant ; il aurait vu le sang y arriver noir, et en sortir noir. Cette seule expérience lui eût rendu suspecte toute sa théorie.

5° *Formation des esprits.* Galien comptait trois esprits : le *naturel,* le *vital* et l'*animal.*

Il n'était pas aussi sûr du *naturel* que des

---

[1] « Ipsum autem hepar, postquam id nutrimentum ac-
« ceperit,... obscuramque speciem sanguinis referens, in-
« ducit ei postremum ornamentum ad sanguinis exacti
« generationem. » (*De usu partium,* lib. III, p. 135.)

[2] « ..... Et ab innatâ caliditate concretionem exactam est
« adeptus, ruber jam et purus sursum ad gibbas partes he-
« patis ascendit (*ibid.,* p. 136)...— Sanguinis rubri prima
« in jecore generatio est. » (*De Hipp. et Plat. decret.,* lib. VI,
p. 266.)

deux autres ; mais enfin, et au cas qu'il fût, il le
plaçait dans le foie [1]; il plaçait le *vital* dans le
cœur [2] ; l'*animal* dans le cerveau [3] ; et pour ces
deux-ci, les deux dont il était sûr, voici comment
il les faisait naître l'un de l'autre, l'*animal* du
vital, et tous les deux du sang [4].

L'esprit vital est l'*exhalaison du sang* [5]. Or
l'*esprit vital* naît ainsi de la vapeur du sang dans
e cœur [6], surtout dans le ventricule gauche [7] ;
et de l'*esprit vital* porté dans les artères [8] et

---

[1] « Quod si naturalis quoque aliquis spiritus est, utique
« is quoque in jecore et venis continebitur. » (*De methodo
medendi*, lib. XII, p. 77.)

[2] « Vitalis spiritus et in arteriis et in cor de gignitur. »
(*De Hipp. et Plat. decret.*, lib. VII, p. 269.)

[3] « Animalis spiritus cerebrum, veluti fontem esse... de-
« monstravimus. » (*De methodo medendi*, lib. XII, p. 77.)

[4] « Sicut autem vitalis spiritus secundum arterias et
« cor generatur, ... ità animalis ex vitali amplius elabo-
« rato habet generationem. » (*De virtut. corp. disp.*,
p. 61.)

[5] « Spiritus exhalatio quædam sanguinis benigni. » (*De
usu partium*, lib. VI, p. 155.)

[6] Voyez, ci-dessus, la note 4.

[7] « Copiosior, in sinistro, spiritus substantia. » (*De usu
partium*, lib. VI, p. 154.)

[8] « Ab arteriis quibus in ipsum cerebrum acclivis est
« positio, effluit semper spiritus, belle in retiformi plexu
« confectus,... proinde in his moratus diutissime, confici-

les ventricules du cerveau [1], et là plus complétement élaboré, perfectionné, mûri, naît
l'*esprit animal*.

« Pareillement, dit Canappe en son vieux
« langage, nature, faisant de l'esprit vital l'es-
« prit animal, ha fabriqué et fait près du
« cerveau le *rete mirabile*, semblable à un
« labyrinthe, auquel l'esprit est élabouré. Et
« après il est envoyé et transmis aux ventricules
« antérieurs, èsquels il est encore mieux préparé
« et élabouré. Et après il est envoyé par le con-
« duit commun au ventricule postérieur, auquel
« il acquiert parfaite élaboration [2]. »

L'*esprit animal*, l'*esprit cérébral*, l'*esprit* né
du cerveau, est, du corps de l'homme, la partie
la plus noble et la plus exquise ; c'est la propre
substance de l'âme ; c'en est du moins le premier
instrument [3] : la raison, qui est l'homme, siége

« tur ; confectus autem statim cerebri ventriculis incidit. »
(*De usu partium*, lib. IX, p. 172.)

[1] « Consentaneum igitur rationi est spiritum hunc in ce-
« rebri ventriculis oriri. » (*De Hipp. et Plat. decret.*, lib. VII,
p. 269.)

[2] *L'anatomie du corps humain*, etc., p. 83.

[3] « Oportet... hunc ipsum spiritum, aut ipsam animæ
« substantiam esse, aut primum ipsius instrumentum »
(*De utilitate respirationis*, p. 225, 226.)

7.

dans le cerveau [1]; et de là, dit Galien, la fiction ingénieuse qui fait naître Minerve du cerveau de Jupiter, c'est-à-dire qui fait naître du cerveau toutes les productions de l'esprit humain, tous nos arts, toutes nos sciences [2].

6° *Chaleur innée.* Selon Galien, la *chaleur animale* est une force primitive, naturelle, innée [3]. Le cœur est la source de la *chaleur* [4]. Du cœur vient la chaleur du sang, et du sang la chaleur du corps entier [5]. De toutes les parties du corps, la plus chaude est le cœur [6]; de toutes les parties du cœur, la plus chaude est le ventricule

[1] « At ratio, quæ revera homo est, sedem in cerebro « habens... » (*De usu partium*, lib. IV, p. 139.)

[2] « Fabula quæ ex Jovis capite Minervam, hoc est pru- « dentiam, natam esse ait... » (*De Hipp. et Plat. decret.*, lib. III, p. 247.)

[3] « Calorem autem non acquisitum... verum ipsum pri- « mum, primogenitum et insitum. » (*De trem., palp., con- vuls*, etc., p. 54.)

[4] « Cor caloris nativi, quo animal regitur, quasi fons « quidem, ac focus est. » (*De usu partium*, l. VI, p. 150.)

[5] « Sanguis verò ipse à corde suum accipit calorem. » (*De temperamentis*, lib. I, p. 15. — « Et ità calor continuè « effluit à corde ad arterias, et per arterias ad totum cor- « pus. » (*De utilit. respirat.*, p 63, t. VII.)

[6] «Id viscus (cor) tum omnium animalis partium maximè « sanguineum, tum vero calidissimum est. » (*De tempera- mentis*, p. 15.)

gauche [1] ; et c'est pour cela que ce ventricule est le ventricule où l'*esprit* se forme, le ventricule où le *sang veineux* se change en *sang spiritueux*.

Mais à cette chaleur naturelle, innée, il fallait, pour qu'elle fût durable, un *aliment*, et, pour qu'elle ne fût pas excessive, un *modérateur*. L'*aliment* est le sang [2] : le sang, dit Galien, est *le bois du feu qui brûle dans le cœur* [3] ; et le *modérateur* est le poumon [4], lequel attire sans cesse, par la respiration, un air nouveau, et, par cet air nouveau, *rafraîchit* sans cesse le cœur et le tempère [5].

On a maintenant sous les yeux la théorie de la *sanguification*.

---

[1] « Hunc maximè sinum ad summum pervenire caloris... » (*De inæquali intemperie*, p. 44.)

[2] Non solum nutrimentum animantis partibus ex sanguine est, sed calor quoque naturalis perseverantiam ex sanguine obtinet. » (*De curandi ratione per sang. mission.*, p. 16.)

[3] « Quemadmodum ex lignis comburi idoneis qui in foco est ignis... » (*Ibid.*)

[4] « Respirationem ingeniti caloris moderationem servare... » (*De morb. vulg.*, com. V, p. 190.)

[5] « Refrigerat ipsum (cor) inspiratio quidem, frigidam qualitatem ei affundens. » (*De usu partium*, lib. VI. p. 148.)

Rien de plus complet ; car elle commence avec la formation du chyle et ne finit qu'avec la formation de l'*esprit animal*, de l'instrument de l'âme.

Et rien de mieux lié ; car tous les phénomènes y naissent les uns des autres : le chyle y naît de la conversion des aliments en chyle, qui se fait dans l'estomac et les intestins : le sang y naît de la conversion du chyle en sang, qui se fait dans le foie ; l'*esprit vital* y naît de l'exhalaison du sang, qui se fait dans le cœur ; l'*esprit animal* y naît de l'élaboration de l'esprit vital, qui se fait dans le cerveau. Enfin, le sang tire du cœur sa *chaleur acquise ;* et le cœur tire du sang l'*aliment* de sa *chaleur innée.*

Mais rien de plus faux.

De ces idées, de ces vues si bien assorties, de cette théorie si bien construite, de tout ce travail si merveilleux d'esprit, rien n'était vrai, et rien n'est resté. Galien n'a rencontré juste sur rien. Il dit que le chyle est pris par les veines, et cela n'est pas ; qu'il va au foie, et cela n'est pas ; que c'est dans le foie que le sang noir se change en sang rouge, et cela n'est pas ; ses *esprits* ne sont qu'un mot ; sa *chaleur innée* n'est qu'une rêverie.

Voltaire dit qu'un Français qui, de son temps, passait de Paris à Londres, *trouvait les choses bien changées* : il avait laissé le monde plein, il le trouvait vide ; il avait laissé une philosophie qui expliquait tout par l'*impulsion*, il en trouvait une qui expliquait tout par l'*attraction* [1], etc.

Il faut convenir que, si Galien pouvait revoir la physiologie, il *trouverait aussi les choses bien changées*. Il croyait que c'étaient les veines qui prenaient le chyle, et on lui dirait que ce sont des vaisseaux particuliers, très-distincts des veines ; il croyait que le chyle allait au foie, et on lui dirait qu'il va au cœur ; il croyait que c'était dans le foie que le sang noir se changeait en sang rouge, et on lui dirait que c'est dans le poumon : il se croyait très-sûr au moins de deux *esprits*, le *vital* et l'*animal*, et on lui dirait que ses *esprits* ne sont que des chimères ; enfin, il croyait que la chaleur était une force propre, primitive, innée, siégeant dans le cœur et continuellement tempérée, *rafraîchie* par le poumon, et on lui dirait que le cœur n'a pas cette force, que c'est un simple muscle, et que le poumon, au lieu d'être l'organe qui *rafraîchit*, qui tem-

[1] *Lettres philosophiques*, lettre XIV.

père la chaleur du cœur, est la source même de cette chaleur, laquelle n'a rien d'*inné*.

D'Aselli et des vaisseaux lactés ou chylifères.

L'antiquité n'a connu que trois ordres de vaisseaux : les veines, les artères et les nerfs (les nerfs, qu'elle prenait pour des vaisseaux [1]). Les veines conduisaient le *sang proprement dit ;* les artères, le *sang spiritueux ;* les nerfs, l'*esprit animal* [2].

Les choses en étaient là : Harvey n'avait pas encore publié son livre, on était en 1622, lorsque tout à coup le bruit se répand qu'un anatomiste de Crémone, professeur à Pavie, vient de découvrir un quatrième ordre de vaisseaux [3],

---

[1] Malgré Galien. Galien savait très-bien que les nerfs ne sont pas creux : « Nervi qui à cerebro ac spinali medullâ « oriuntur nullam habent perspicuam cavitatem. » (*De usu partium. lib.* XV, p. 210.) Il ne se trompait que sur les nerfs optiques : « Solis his nervis, antequam in oculos in- « serantur, apertè intùs sensibilis quidem meatus adest. » (*De nervorum dissectione*, p. 53.)

[2] « Sic venæ sanguinem distribuunt, arteriæ sanguinem « cum spiritu vitali permixtum, nervi animalem spiri- « tum.» (Aselli : *De lactibus, sive lacteis venis, quarto vasorum mesaraïcorum genere dissertatio*, 1627, p. 51.)

[3] « Præter tria illa vasorum genera mesenterium pera-

des vaisseaux blancs, des vaisseaux distincts des veines, des artères et des nerfs, des vaisseaux qui sont les vrais conducteurs du chyle.

Qu'on juge (si pourtant cela est possible aujourd'hui) de l'effet que dut produire alors une telle nouvelle. Le monde savant, tout entier, en fut ému. Les anciens n'avaient donc pas tout vu, n'avaient pas tout dit; on pouvait aller plus loin que Galien et qu'Aristote; le savoir antique n'était pas le dernier terme du savoir humain; et l'esprit moderne commençait sa course.

Aselli nous raconte lui-même, et de la manière la plus naïve, comment cette grande découverte, la première, à rigoureusement parler, des découvertes modernes (car, je le répète, le livre d'Harvey n'avait pas encore paru), s'offrit à lui, par un pur hasard [1].

Il venait d'étudier, sur un chien vivant, et cela moins pour lui que par complaisance pour quelques amis, les *nerfs récurrents*. De l'étude des *nerfs récurrents*, on désire passer à celle

« grantium (les *veines*, les *artères*, et les *nerfs*), reliquum « aliud est genus, quartum, novum, ac ignotum hacte- « nùs..... » (*Ibid.*, p. 18.)

[1] « A me primo, quod relegatà omni ambitione dixerim,

des mouvements du diaphragme : Aselli ouvre le ventre, et aussitôt paraît le plus beau réseau de vaisseaux blancs [1].

Qu'était-ce que ces vaisseaux?... Serait-ce les vaisseaux du chyle? Ce fut là l'instant du génie. Aselli pique un de ces vaisseaux; il en voit sortir une liqueur blanche, et, dans un transport de joie que l'on conçoit bien, il s'écrie, comme Archimède : *Je l'ai trouvé* [2] !

« abhinc fere triennium, hoc est anno adeò 1622, casu « magis, ut verum fatear, quam consilio, aut datâ in id pe- « culiari operâ, observatum. » (*De lactibus*, etc., p. 18.)

[1] « Canem, ad diem julii 23 ejusdem anni, benè habitum, « benèque pastum, incidendum vivum sumpseram, ami- « corum quorumdam rogatu, quibus recurrentes nervos « videre fortè placuerat. Eâ nervorum demonstratione « perfunctus quum essem, visum est eodem in cane, câdem « operâ, diaphragmatis quoque motum observare. Hoc dum « conor. et eam in rem abdomen aperio, intestinaque cum « ventriculo collecta in unum deorsum manu impello, « plurimos repente, eosque tenuissimos, candidissimosque, « ceu funiculos, per omne mesenterium et per intestina, « infinitis propemodum propaginibus dispersos, conspicio.» *Ibid.*, p. 19.)

[2] « Rei novitate perculsus, hæsi aliquandiù tacitus, cum « menti variæ occurrerent quæ inter anatomicos versan- « tur, de venis mesaraïcis, et eorum officio controver- « siæ;... ut me collegi experiendi causâ, adacto acutissimo « scalpello, unum ex illis et majorem funiculum pertundo. « Vix benè ferieram, et confestim liquorem album, lactis

Mais le chien meurt, et tout disparaît. Aselli ouvre un autre chien : point de vaisseaux blancs. Se serait-il trompé ? Heureusement il se rappelle que le premier chien avait beaucoup mangé avant l'expérience, tandis que le second était à jeun. Il prend un autre chien ; il le fait manger : quelques heures après, il l'ouvre, et, cette fois-ci, les vaisseaux blancs se montrent comme la première [1].

L'existence des vaisseaux blancs, des vaisseaux du chyle n'était plus douteuse.

Aselli nomme ces vaisseaux : *lactés*, à cause

« aut cremoris instar, prosilire video. Quo viso, cum tenere « lætitiam non possem, conversus ad eos qui aderant : « Εὕρηκα, inquam, cum Archimede..... » (*Ibid.*, p. 19.)

[1] « Verum eo diu frui non licuit. Exspiravit mox inter « hæc canis, et unà (dictu mirum) omnis illa tot vasorum « series congeriesque defecta candore suo, defecta succo, « inter manus ipsas nostras ac penè inter oculos ità eva- « nuit, vix ut vestigia sui relinqueret..... Conquisitus ergò « canis alius in diem posterum, et nullâ interposità morâ « die eodem apertus. Porrò minimè, ut spes, ità successus « fuit. Nullum prorsus, vel minimum album vasculum « in conspectum sese dabat. Et jam abjici animo cœpe- « ram.... Verum in memoriam revocans, siccum et im- « pastum fuisse canem, quem secandum arripueram, « suspicatusque, quod res erat, ne intestinorum inanitas « causa fuisset vasorum obliterationis, etiam tertiò rem pe- « riclitari volui, alio rursus in id comparato cane. Is sectus

de la liqueur blanche, et semblable au lait,
qu'ils contiennent[1]. Cette liqueur est le *chyle;*
et, seuls, les *vaisseaux lactés* conduisent le
chyle[2]; les *veines* ne le conduisent pas.

De Pecquet et du réservoir du chyle.

Les *vaisseaux lactés* conduisent donc le
chyle; mais où le conduisent-ils? Aselli crut
que c'était au foie. « L'usage de nos *veines,*
« dit-il, est, sans aucun doute, de conduire le
« chyle; et, sans aucun doute aussi, de le con-
« duire au foie[3]. »

Le chyle allait donc toujours au foie; et la

« ad diem 26, horâ circiter sextâ postquam cibus illi adhi-
« bitus affatim fuerat,.... nihil fefellit expectatio. Omnia
« quæ primus luculenter et adamussim exhibuit.... Con-
« firmatus gemino hoc experimento, et nihil amplius de
« re ipsâ ambigens, totum me dedi ad perquirendam
« eam... » (*De lactibus*, p. 19.)

[1] « Ego vasa hæc, aut lacteas, sive albas venas, aut lactes
« etiam appellare soleo.... » (P. 23.) Non lac ipsum magis
« simile lacti est quam liquor qui in illis cernitur.» (P. 25.)

[2] « .... Chylus per eas labitur; verissime idem ex intes-
« tinis ab iis lacitur, hoc est sorbetur exhauriturque..... »
(P. 25.)

[3] « Actio propria venarum nostrarum, absque omni du-
« bitatione, chyli distributio ad jecur. » (P. 51.)

principale erreur de Galien (la principale, car toutes les autres portaient sur celle-là : le foie n'était supposé l'organe de la *sanguification* que parce qu'il était supposé l'organe où allait le chyle) subsistait encore.

Elle ne devait pas subsister longtemps.

En 1648 [1], un jeune homme de Dieppe, qui étudiait la médecine à Montpellier, Jean Pecquet, lassé de la *science froide et muette* [2], qu'on tire des organes morts, du cadavre, veut une science plus *vraie* [3], et la demande aux organes en vie.

Il entreprend une suite de recherches sur les animaux vivants.

Il ouvre la poitrine d'un chien; il en détache le cœur; et, au milieu du sang qui s'écoule, il aperçoit un liquide blanc, qu'il prend d'abord pour du pus [4].

[1] « ..... Assiduum fermè trium annorum laborem coarctavi.... » (*Experimenta nova anatomica, quibus ignotum hactenùs chyli receptaculum, et ab eo per thoracem in ramos usque subclavios vasa lactea deteguntur*, 1651, p. 17.)

[2] « Post acquisitam ante annos aliquot, ex cadaverum « sectione, mutam alioqui frigidamque sapientiam...» (P. 4.)

[3] « Placuit ex vigenti vivorum animantium harmonià « veram scientiam exprimere. » (P. 4.)

[4] « Cor, rescissis quibus reliquo adhæret corpori vascu-

Une première étude lui montre bientôt que
ce liquide blanc, laiteux, est le même que celui
des *vaisseaux lactés*, est le *chyle*[1]; une seconde,
que ce chyle est contenu dans un *canal*, qui le
porte aux *veines sous-clavières*, et par ces veines au cœur[2]; une troisième, que ce canal
commence par une sorte de *réservoir*, de *po-
che*[3]; une quatrième, que *tous les vaisseaux
lactés* se rendent à ce réservoir, qui en est
ainsi le *réservoir commun*[4] ; et une cinquième,

« lorum retinaculis, avello; tum exhaustà quæ statim
« restagnaverat copiâ cruoris, albicantem subinde lactei
« liquoris nec certe parum fluidi scaturiginem...., miror
« effluere,...(p. 4) sic ut delitescentis intrà thoracem fortè
« saniem abcessus, ex cruenti puris imagine, suspicarer. »
(*Experimenta nova anatomica*, etc., p. 5.)

[1] « .... Candidus apprimè liquor, et effuso per mesen-
« terium chylo simillimus, sic ut inter utrumque collatos
« invicem et nitor et odor et sapor et consistentia nullum
« inesse discrimen ostenderint. » (P. 5.)

[2] « ..... Unicus, crassiorque canalis, à *receptaculo* chylum
« ad quartam dorsi vertebram devolvit, indeque bifidus
« per subclaviorum (ut in cane notavimus) ostiola forami-
« num eumdem in cavam exonerat. » (P. 17.)

[3] « ..... Laceratà forte sinistrorsum ad duodecimam cir-
« citer dorsi vertebram ampullâ, cujus est apprimè tenuis
« membranula, restagnantem demiratus lactis effusi co-
« piam, suspicor non exiguum illic ejusdem liquoris oc-
« cludi *receptaculum*. » (P. 11.)

[4] « Sic tandem patuit reconditi chyli penus, et tantis

qu'aucun, absolument aucun, ne se rend au foie[1].

Le chyle ne va donc pas au foie, et, puisqu'il n'y va pas, il ne s'y change pas en sang ; le foie n'est donc pas l'organe de la *sanguification*[2]; et la théorie de Galien, cette théorie qui avait traversé quinze siècles, est enfin détruite.

De Rudbeck et des vaisseaux lymphatiques, particulièrement de ceux du foie.

Mais ce n'est pas tout. Une découverte en appelle une autre. La découverte des *vaisseaux lactés* appelle celle du *réservoir du chyle*; celle du *réservoir du chyle* appelle celle des *vaisseaux lymphatiques*.

En 1650, et, cette fois-ci encore un jeune

« laboribus quæsitum *receptaculum.....* laboribus quæsi-
« tum *receptaculum.....* » (P. 14.) « Lancinata illicò *rece-*
« *ptaculi* tunica chylum effudit ; et secutus per ejusdem
« vulneris rimam..... dubium omne revulsit scaturienti evi-
« dentia. » (P. 15.)

[1] « Nullus ad jecur porrigi inventus est. » (P. 13.)

[2] « Hactenùs è mesenterio chylum in hepatis paren-
« chyma opinio protrusit, non veritas, et sanguinei ar-
« tificii tribuit immeritam..... visceri prærogativam. »
'P. 13.)

homme, Olaüs Rudbeck, qui fut plus tard un des hommes les plus savants de Suède, Olaüs Rudbeck, cherche le *tronc commun* des *vaisseaux lactés*, et le trouve[1]. Il ne savait pas que Pecquet venait de le découvrir. En cherchant le *tronc commun* des *lactés*, Rudbeck remarque, sur le foie, des vaisseaux transparents, aqueux, qu'il reconnaît bien vite pour des vaisseaux nouveaux, pour des vaisseaux propres, pour des vaisseaux distincts des *vaisseaux lactés*[2]. Ces vaisseaux étaient les *vaisseaux lymphatiques*.

Rudbeck les nomme vaisseaux *hépaticoaqueux : hépatiques*, parce qu'ils viennent du foie, et *aqueux*, à cause de l'*humeur aqueuse* dont ils sont pleins[3].

---

[1] *Nova exercitatio anatomica, exhibens ductus hepaticos aquosos et vasa glandularum serosa* (in Mangeti *Bibliothecá anatomicá*. Genevæ, 1699, t. II, p. 729.)

[2] « Dum anno 1650 et 1651, in venarum lactearum ori-« ginem et insertionem inquirendam versabar, injectâque « suprà venam portæ cum ductibus cholidocis ligaturâ, « non semel apparuere ductus manifestò ab hepate ad « ligaturam intumescentes..... » (P. 730.)

[3] « Hæc vasa *ductuum hepaticorum aquosorum* nomine « indigitanda duxi : et quidem *ductuum hepaticorum*, quum « et humorem ferant ac ducant, et quod illum ab hepate

Il en voit l'origine [1], les valvules [2], l'insertion dans la *vésicule* ou *réservoir du chyle* [3]; et, sur tous ces points, il est le premier qui voit, qui découvre ; mais, relativement à la découverte des *vaisseaux lymphatiques* répandus partout, il n'est que le second.

De Thomas Bartholin et des vaisseaux lymphatiques du corps entier.

Rudbeck avait découvert les *vaisseaux lymphatiques* de 1650 à 1651; Thomas Bartholin les découvre de 1651 à 1652 [4]; il les nomme

« accipiant, indeque suam originem depromant; deinde « *aquosorum*, quod tali humore ipsorum cavitas infarta « sit. » (P. 730.)

[1] Du foie, comme il vient d'être dit : « Originem ducunt « ab hepate. » (P. 730.)

[2] « Figuram..... mirabiliter nodosam, ob contentas val- « vulas..... » (P. 731.) Aselli avait vu les *valvules des vais- seaux lactés*, « in his illud admiratione dignum, quod « pluribus valvulis, sive ostiolis, interstincti sunt. » *De lac- tibus*, etc., p. 38); et Pecquet, celles du *canal du chyle* : « Non desunt suæ *lacteis* per thoracem valvulæ. » (*Expe- rim. nov.*, etc., p. 12).

[3] « In vesiculam chyli..... sese insinuant. » (Mangeti, *Bibl. anat.*, t. II, p. 730.)

[4] « Observavimus quidem sæpè in canibus dissectis, im- « primis 15 decemb. 1651, et 9 janu. 1652, ex hepate « aquosos ductus prodeuntes.... » (*Vasorum lymphaticorum Historia nova*, in *Opuscula nova*, etc., p. 84).

vaisseaux lymphatiques [1]; il les étudie avec une attention, avec une persévérance admirables; il les cherche partout ; il les trouve partout, dans les viscères, dans les membres, etc. [2]; et, quel que soit le lieu d'où ils naissent, il les voit toujours, comme Rudbeck, venir et se rendre dans un *tronc commun*, dans le *réservoir du chyle* [3].

Les *vaisseaux lymphatiques* et les *vaisseaux lactés* ont donc un *tronc*, un *réservoir* commun, le *réservoir*, le *canal du chyle* ; et, par ce canal, ils arrivent, ils aboutissent tous aux *veines sous-clavières* ; et, par ces veines, au cœur.

Le cœur est donc le rendez-vous commun, le centre du système circulatoire.

Et ce système ne se compose pas seulement, comme l'avait cru Galien, comme le croyait Harvey, des *veines* et des *artères* ; il se compose des *artères*, des *veines*, des *vaisseaux lactés* et

---

[1] « A contenti liquoris conditione, seu limpidâ aquâ et « lymphâ, dicenda vasa lymphatica..... » (P. 96.)

[2] « Exortus lymphaticorum vasorum est ab extremis « partibus, seu artubus et visceribus..... » (P. 97.)

[3] « Vasa aquosa..... inseruntur in receptaculum chyli...» (P. 97.)

des *vaisseaux lymphatiques*. L'unité complète de ce grand système est enfin trouvée.

De Thomas Bartholin et des obsèques du foie.

Thomas Bartholin termine son *Histoire des vaisseaux lymphatiques* par un chapitre intitulé : *Post inventa vasa lymphatica hepatis exsequiæ* [1].

Pecquet ayant montré qu'aucun *vaisseau lacté* ne se rend au foie, que le chyle ne va pas au foie, le foie n'était donc plus l'organe de la *sanguification*; et c'est alors, pour parler le langage de Bartholin, que les *obsèques* du foie auraient dû être faites.

Pourquoi donc Bartholin ne les place-t-il qu'après la découverte des *vaisseaux lymphatiques*? C'est que la première fois qu'il vit les *vaisseaux lymphatiques* du foie, il les prit pour des *vaisseaux lactés* qui allaient au foie [2]. Le foie, se dit-il, reçoit donc une partie des *vais-*

---

[1] *Vasorum lymphaticorum*, etc. , p. 107.
[2] « Unde quum pellucido liquore splenderent, nec aliud « vas cognitum adhuc esset..... tamdiù pro lacteis vendi- « tavi..... Exinde dubitare cœpi, visis aquosis ductibus, in « artubus, illis similibus....» (P. 88.)

seaux lactés, une partie du chyle ; il a donc encore son rôle, un certain rôle du moins, dans la *sanguification* : la *sanguification* se partage entre le cœur et lui [1].

Mais bientôt Bartholin reconnaît la véritable nature des vaisseaux qui le trompent : ce ne sont pas des *vaisseaux lactés*, ce sont des *vaisseaux lymphatiques* [2] ; au lieu d'aller au foie, ils en viennent ; ils vont au cœur ; et, par conséquent, la cause du foie est tout à fait perdue [3].

Bartholin traite le foie, qu'il compare aux plus grands héros, *maximis heroïbus* [4], comme on traite tous les héros dont la cause est perdue ; il l'abandonne ; et, dans un petit accès de gaieté savante, après avoir écrit le chapitre de ses *obsèques*, il lui compose une *épitaphe*, dont le sens est : que le foie, si longtemps fameux,

---

[1] « Partitus sum munia cordis et hepatis in opere con- « ficiendi sanguinis, quia ad cor lacteas thoracicas ferri « observavi, et ad hepar non nullas..... » (P. 108.)

[2] « Vidimus quippe vasa illa propè hepar, sui esse ge- « neris, à contento liquore *lymphatica* nobis dicta..... » (P. 109.)

[3] « Noluimus antiquatæ opinioni obstinatiùs inhærere, « aut labantes hepatis derelicti partes diutiùs sequi. » (P. 109.)

[4] P. 109.

grâce à un titre usurpé, n'est plus, ou n'est plus que le pauvre foie réduit à faire la bile [1].

De Riolan et d'Harvey.

Harvey n'eut pas plutôt publié son livre sur la *circulation du sang* que vingt anatomistes prirent la plume contre ce livre. Harvey ne répondit pas. Le seul homme à qui Harvey ait jamais fait l'honneur de répondre est Riolan. C'est que Riolan était le plus savant anatomiste qu'il y eût alors. Thomas Bartholin, qui lui dédie son *Histoire des vaisseaux lymphatiques*, l'appelle le plus grand anatomiste de la France et du monde : *Maximo orbis et urbis Parisiensis anatomico.*

Riolan passa toute sa vie à chercher, à retrouver, à *découvrir* ce qu'avaient fait les anciens, et à repousser ce que faisaient les modernes. Il repousse la *circulation du sang*, les *vaisseaux lactés*, le *réservoir du chyle*, les *vaisseaux lymphatiques*. « Un chacun invente à « présent, » s'écrie-t-il [2] ; et c'est là ce qui le désole. « Pecquet, continue-t-il, a fait bien davan-

---

[1] *Vasorum lymphaticorum*, etc., p. 111.
[2] *Manuel anatomique*, Paris, 1661, p. 688.

« tage : il a commencé à bouleverser la structure
« et la composition du corps humain par sa doc-
« trine nouvelle et inouïe, qui renverse entière-
« ment la médecine ancienne et moderne ou la
« nôtre [1]. » *Et moderne ou la nôtre* est un mot
naïf et curieux ; mais, hélas ! le *moderne* n'appartient à personne ; à peine est-il qu'il est le
passé et qu'il arrive un autre *moderne*.

Cependant Riolan ne nie pas l'existence des
vaisseaux lactés. Seulement, il veut qu'ils ail-
lent au foie [2]. Harvey nie jusqu'à l'existence des
vaisseaux lactés; et, ce qu'il y a de plaisant,
c'est que Riolan lui en fait reproche. « Harveus,
« dit-il, très-expert anatomiste, auteur et inven-
« teur de la circulation du sang par le cœur et
« par les poumons, fait peu de cas de ces veines
« lactées, croyant et soutenant que le chyle passe
« par les veines mésaraïques, et que le foie le

---

[1] *Ibid.*, p. 689. « Car, si le foie, suivant son opinion,
« n'est plus au rang des parties principales, n'est plus le
« siége de la faculté naturelle, n'est plus celui qui produit
« le sang dans nos corps, ains seulement dédié à un em-
« ploi beaucoup plus vil et plus abject, à savoir à purger et
« séparer l'excrément de la bile..... »

[2] « Pour moi, je crois que ces veines lactées ne sont pas
« inutiles, mais qu'elles servent à porter le chyle des boyaux
« au foie. » (P. 696.)

« suce et le tire d'icelles, de quoi je m'étonne
« fort, puisque en effet elles sont existantes, et
« que nous les voyons manifestement [1]. »

Voilà donc Harvey, l'auteur de la plus belle
découverte moderne, gourmandé par Riolan, et
gourmandé parce qu'il va trop loin dans son op-
position contre les modernes.

L'illustre et savant historien de la médecine,
Sprengel, dit à cette occasion : « Une tache en-
« core plus grande au caractère littéraire d'Har-
« vey, c'est le mépris qu'il affecta pour toutes les
« découvertes ultérieures[2]... » Ces paroles sont
injustes. Sprengel ne réfléchit pas assez combien
la grande méditation épuise, et à tout ce que
coûte de méditation une découverte d'un certain
ordre. Harvey découvre la *circulation du sang;* il
nous donne une foule de faits, de vues, une loi
générale admirable sur la *génération* [3]. Après
cela, il faut l'admirer, le bénir, et ne plus rien
lui demander.

---

[1] *Manuel anatomique,* p. 695.
[2] *Histoire de la médecine,* Paris, 1815, t. IV, p. 204.
[3] Que tout être vivant vient d'un œuf : *omne vivum
ex ovo.*

D'Aristote et de la formation du sang par le cœur.

Galien pose trois principaux organes, le foie, le cœur et le cerveau : du foie naissent les veines ; du cœur, les artères ; du cerveau, les nerfs. Selon Aristote, tout cela naît du cœur : les veines, les artères et les nerfs [1].

Aristote veut, de plus, que ce soit dans le cœur que le sang se forme [2] ; et cette opinion du sang formé par le cœur, bien que dominée longtemps par l'opinion contraire du sang formé par le foie, reste dans la science. Servet y fait allusion dans le passage immortel que j'ai déjà cité, quand il dit : « La couleur jaune est don-« née au sang par le poumon, et non par le « cœur [3]. » Césalpin l'adopte complétement, quand il dit : « Le sang, conduit au cœur par « les veines, y reçoit sa dernière perfection ;

---

[1] « Le cœur est le principe de toutes les veines. » (*Histoire des animaux*, liv. III, chap. iv.) — Notez qu'Aristote réunit, sous le nom commun de *veines*, les veines et les artères. — « Passons actuellement aux nerfs ; ils partent « également du cœur. » (*Ibid.*, chap. v.)

[2] « Le liquide qui provient des aliments se rend continuellement au cœur ;... c'est ce liquide qui forme le sang. » (*De la respiration*, chap. xx.)

[3] Voyez, ci-devant, p. 14.

« et, cette perfection acquise, il est porté dans
« tout le corps [1]. »

Aussi, dès qu'il fut prouvé que le chyle allait
au cœur et non pas au foie, tous les esprits re-
vinrent-ils à l'opinion d'Aristote, à l'opinion du
sang formé par le cœur. « Ceci prouve bien, dit
« Pecquet, la parole du prince des Péripatéti-
« ciens, qui affirme que le cœur est le principe
« des veines et l'organe où le sang se forme [2]. »
« C'est dans le cœur, dit Rudbeck, que le sang, re-
« venu des parties, se mêle au chyle, et, réuni au
« chyle, s'élabore, se perfectionne et se colore :
« *coloratur* [3]. » Bartholin partage, comme nous
avons vu, la grande fonction de la *sanguification*,
de la formation du sang, entre le cœur et le foie [4].

On n'échappait à une erreur que pour retom-
ber dans une autre.

[1] Voyez, ci-devant, p. 22.
[2] « .... Sicut evincatur nobili testimonio, quum appositè
« Peripateticorum princeps, et venarum asserat cor esse
« principium, et sanguinis officinam. » (*Experimenta nova
anatomica*, etc., p. 3.)
[3] « Existimo itaque hoc opus naturæ (sanguificationis
« nempè), hunc in modum fieri. Primò, sanguis à nu-
« tritione residuus, et cordi advectus, unà cum chylo, motu
« ac calore cordis concoquitur, coloratur, attenuatur, ac dis-
« tribuitur. » (Mangeti, *Bibliotheca anatomica*, t. II, p. 733.)
[4] Voyez, ci-devant, la note 1 de la p. 94.

Deux hommes combattirent bientôt cette autre erreur.

Stenon fit voir que le cœur n'est qu'un simple organe de mouvement, un muscle; et Lower, que c'est dans le poumon que s'opère la conversion du sang noir en sang rouge.

De Stenon et du vrai usage du cœur.

Stenon était un homme de génie. Deluc l'appelle le *premier vrai géologue* [1], car il est le premier qui ait bien vu la disposition, la *structure par couches*, la *stratification* régulière de la surface du globe ; et je l'appelle, moi, le *premier vrai anatomiste du cerveau*, car il est le premier qui ait bien vu les fibres du cerveau, c'est-à-dire ce qu'il y a de plus important à voir dans la structure de cet organe.

« Il est certain, d'une certitude également dé-
« montrée pour l'esprit et pour l'œil, dit Stenon,
« que le cœur est un muscle, qu'il en a tout, et
« qu'il n'a que ce qu'a tout muscle, en sorte qu'il
« n'est ni l'organe de la chaleur innée, ni le siége
« de l'âme, et qu'il ne produit ni l'esprit vital, ni
« le sang, ni aucune autre humeur quelconque[2].»

---

[1] *Abrégé de géologie*, p. 8.

[2] « Si certum est, quod certum esse sensuum ope adjuta

De Lower et de la coloration du sang par le poumon, ou plutôt par l'air.

Le livre de Lower sur *le cœur* est un livre court; plein, excellent [1]. Lower est un des esprits les mieux faits qu'ait eus la physiologie. Sa marche est sûre, ses vues sont nettes, ses expériences sont judicieuses.

Évidemment, le *ventricule droit* n'a rien de moins que le *ventricule gauche*. On peut donc conclure de l'un à l'autre. Eh bien, qu'on examine le sang de la *veine cave*, c'est-à-dire le sang qui n'a pas encore traversé le *ventricule droit*, et le sang de l'*artère pulmonaire*, c'est-à-dire le sang qui sort de ce ventricule; et l'on trouvera que ces deux sangs sont parfaitement sembla-

« evincit ratio, in corde nihil desiderari quod musculo
« datum, nec quod musculo denegatum in corde inveniri,
« non erit cor amplius sui generis substantia, adeoque nec
« certæ substantiæ, ut ignis calidi innati, animæ sedes,
« nec certi humoris, ut sanguinis, generator, nec spirituum
« quorumdam vitalium productor. » (*De musculis specimen*, p. 523, in Mangeti *Biblioth. anat.*) Le livre de Stenon est de 1664.

[1] Il parut en 1669.

9.

bles : ce sera toujours le même sang, le *sang veineux*, le *sang noir* [1].

Qu'on lie la trachée-artère sur un animal vivant, de manière que le poumon ne reçoive plus d'air, et le sang de *l'artère carotide* sera noir comme celui de la *veine jugulaire*, c'est-à-dire le sang qui sort du *ventricule gauche* comme celui qui n'y est point allé [2].

Que, sur un chien qui vient d'expirer, on pousse le sang, encore fluide, de la *veine cave* dans le poumon, qu'on pousse en même temps de l'air dans le poumon, et sur-le-champ le sang de la *veine pulmonaire* deviendra rouge [3].

---

[1] ..... « Quum par sit utriusque ventriculi officium..... « quidni color in dextro pariter immutari debeat? At certò « constat sanguinem ex arteriâ pulmonali eductum venoso « per omnia similem esse, crassamentum ejus nempe obs- « curi coloris est... » (*Tractatus de corde*, etc., édition de 1740, p. 184.)

[2] « Quinimò nec à sinistro cordis ventriculo novum « hunc ruborem sanguini impertiri certissimo hoc experi- « mento confici potest :... si nimirum aspera arteria in collo « nudata discindatur, et immisso subere arctè desuper li- « getur, ne quid aeris in pulmones ingrediatur, sanguis ex « arteriâ cervicali simul discissâ effluens,... totus venosus « pariter et atri coloris apparebit, non aliter quam si venâ « jugulari pertusâ profusus fuisset... » (P. 184.)

[3] « Postremò, ne quis ultrà vel dubitandi locus supersit,

Enfin, et voici une expérience qui ne le cède en beauté qu'aux plus belles de Bichat ; qu'on ouvre la poitrine d'un chien vivant, le poumon s'affaisse et ne reçoit plus d'air, le sang de la *veine pulmonaire* est noir ; qu'on souffle de l'air, et le sang devient rouge ; qu'on suspende l'insufflation, et il redevient noir ; qu'on la reprenne, et il redevient rouge [1].

« experire animum subiit in cane strangulato, postquam « sensus illum et vita omnis deseruissent, an sanguis adhuc « fluidus, è venâ cavâ in dextrum cordis ventriculum et « pulmones impulsus, pariter floridus per venam pneumo- « nicam totus rediret ; itaque propulso sanguine, atque in- « sufflatis simul... pulmonibus, exspectationi eventus op- « timè respondebat, quippe æque purpureus in patinam « excipiebatur, ac si ex arteriâ viventis effusus fuisset. » (P. 185.)

[1] « Expertus sum sanguinem, qui totus venosi instar sub- « nigricante colore pulmones intrarat, arteriosum omnino « et floridum ex illis rediisse, si enim abscissâ anteriore « parte pectoris, et folle in asperam arteriam immisso, « pulmonibus continenter insufflatis,... vena pneumonica « prope auriculam sinistram pertundatur, sanguis totus « purpureus et floridus in admotum vasculum exsiliet ; « atque quamdiù pulmonibus recens usque aer hoc modo « suggeritur sanguis ad plures uncias, imò libras, per to- « tum coccineus erumpet, non aliter quam si ex arteriâ « vulneratâ exciperetur...» (P. 186.) — « Une des meilleures « méthodes, dit Bichat, pour bien juger de la couleur du « sang est, à ce qu'il me semble, celle dont je me suis « servi. Elle consiste à adapter d'abord à la trachée-artère,

C'est donc dans le poumon seul, et par l'air seul, que le sang noir se change en sang rouge ; et, des quatre erreurs principales de Galien, il n'en subsiste plus une seule. Toutes les quatre sont détruites ; et à la destruction de chacune s'attache la gloire d'un homme : d'Aselli, qui nous apprend que le chyle est pris par des vaisseaux propres, et non par les veines ; de Pecquet, qui nous apprend qu'il va au cœur, et non pas au foie ; de Stenon, qui nous apprend que le cœur est un simple muscle, et non l'organe de la chaleur ; de Lower, qui nous apprend

« mise à nu et coupée transversalement, un robinet que « l'on ouvre ou que l'on ferme à volonté... On ouvre, en « second lieu, une artère quelconque, la carotide, la cru- « rale, etc., afin d'observer les altérations diverses de la « couleur du sang... » (*Recherches physiologiques sur la vie et la mort. — De la mort des organes par celle du poumon*, art. viii, § i.) — « 1° Adaptez un tube à robinet à la trachée- « artère, mise à nu et coupée transversalement en haut ; « 2° ouvrez l'abdomen de manière à distinguer les intes- « tins, l'épiploon, etc. ; 3° fermez ensuite le robinet. Au « bout de deux ou trois minutes, la teinte rougeâtre qui « anime le fond blanc du péritoine, et que cette membrane « emprunte des vaisseaux rempants au-dessous d'elle, se « changera en un brun obscur, que vous ferez disparaître et « reparaître à volonté, en ouvrant le robinet, ou en le refer- « mant. » (*Ibid. De la mort du cœur par celle du poumon*, art. vi, § ii.)

que c'est dans le poumon, et non dans le foie, que se fait l'élaboration définitive du sang, la conversion finale du sang noir en sang rouge.

Voilà pour les quatre erreurs principales de la théorie de Galien. Il ne reste plus que les deux accessoires : celle des *esprits* et celle de la *chaleur innée*. Voyons, d'un coup d'œil rapide, comment elles sont tombées.

Des esprits.

On sait que, des trois *esprits* de Galien, les modernes n'en ont adopté qu'un seul, l'*esprit animal.* « Les anciens admettaient, dit Bordeu, des « esprits de trois sortes ; et il n'est pas aisé de sa- « voir par quelle fatalité les naturels et les vitaux « n'ont pas pu se conserver et ont succombé, « tandis que les animaux ont subsisté [1]. » J'en demande pardon à Bordeu. Rien n'est plus aisé à savoir. C'est que Descartes fit entrer les *esprits animaux* dans sa philosophie, et n'y fit pas entrer les deux autres. Toute la fortune des *esprits animaux*, parmi nous, tient à la philosophie de

[1] *Recherches anatomiques sur la position des glandes et sur leur action*, § xxxiv.

Descartes. Tant que cette philosophie a subsisté, ils ont subsisté ; et, quand elle est tombée, ils sont tombés. Je dis *quand cette philosophie est tombée*, je parle de l'extérieur de cette philosophie, de ses formes, de ses explications, de ses mots, des emprunts qu'elle faisait à une physiologie, à une physique imparfaites ; car, pour l'essentiel, pour le fond, je veux dire pour son esprit et pour sa méthode, elle n'a pu tomber. Bien loin de là, plus on étudiera l'homme, ce qui est réellement l'homme : la raison, l'âme, plus on sentira combien la philosophie de Descartes est vraie, et, ce qui est ici un élément de la vérité, combien elle est grande.

De la chaleur innée.

De toutes les erreurs de Galien, ou, à parler plus exactement, de la physiologie ancienne (car ceci n'est plus seulement l'erreur de Galien, c'est l'erreur de Galien, d'Aristote, d'Hippocrate, de l'antiquité entière), de toutes les erreurs de la physiologie ancienne, celle qui a le plus duré, est celle de la *chaleur innée*. Elle n'a cédé qu'à la chimie nouvelle ; et encore n'a-t-elle pas immédiatement cédé.

Malgré les miracles de la chimie nouvelle : décomposant l'air, séparant dans l'air le principe respirable de celui qui ne l'est pas, montrant dans le principe respirable le principe de la coloration du sang, et, dans la décomposition de l'air par la respiration, la source de la chaleur animale, plus d'un vieux physiologiste résiste encore.

Fabre, physiologiste ingénieux, mais à idées courtes (et dont la plus courte est celle, que Broussais lui avait empruntée, de l'*irritation*, prise pour cause unique de tous les phénomènes de la vie), Fabre soutient que la *chaleur animale*, simple effet de l'*irritabilité*, a pour foyer le cœur, l'organe le plus *irritable* de l'économie[1].

Barthez, physiologiste profond, mais qui tire les phénomènes physiques d'une force métaphysique[2], soutient que la chaleur est une *affection*

[1] « J'ai cru devoir attribuer la chaleur animale à l'irri-
« tabilité. » (*Essai sur les facultés de l'âme*, 1787, p. 40.)
« Le cœur, par la multitude de ses fibres, par la force de
« leurs contractions, doit être regardé comme le principal
« foyer d'où émane la chaleur qui est répandue par le sang
« dans toutes les parties. » (*Ibid.*, p. 41.)

[2] Voyez, sur ce vice de philosophie, mon *Histoire des travaux de Buffon*, p. 115, et mon *Histoire de Fontenelle*, p. 10.

du principe vital, affection *génératrice de la chaleur* [1], et que l'air respiré *rafraîchit* le sang [2].

Fouquet, le grand fondateur des études cli-
niques en France, disait des théories nouvelles :
« Ce sont de jeunes personnes, et me voilà de-
« venu si vieux, que ce n'est pas la peine de faire
« connaissance avec elles. » Que d'hommes ont
pu dire ce qu'il disait! Ajoutez que ce même
Fouquet, si froid pour les idées nouvelles, était
plein de feu pour les idées anciennes. Assis dans
sa chaire de professeur, il ne prononçait jamais
le nom d'Hippocrate sans ôter sa toque. Les
érudits en tout genre resemblent un peu à celui
de La Bruyère : ils ont presque vu la tour de
Babel, ils ne verront pas Versailles.

---

[1] ..... « L'affection du principe vital, qui est régénéra-
« trice de la chaleur .. » (*Nouveaux éléments de la science de
« l'homme*, Paris, 1806, t. I, p. 304.)

[2] « A la suite des effets que l'air, nouvellement respiré,
« produit à la surface des vaisseaux aériens du poumon
« qu'il rafraîchit..... » (*Ibid*, p. 303.)

IV

De Sarpi et des valvules des veines.

Je n'ai dit qu'un mot de Sarpi [1]. Ce mot n'était pas assez.

Le savant auteur d'une très-remarquable analyse du livre de M. Bianchi-Giovini sur Sarpi, publiée dans la *Revue de Londres et de Westminster* [2], vient de rouvrir un débat qui semblait jugé [3].

D'une part, M. Giovini produit en faveur de Sarpi un document nouveau ; d'autre part, l'auteur de l'analyse que je rappelle, après avoir mis en sûreté la gloire d'Harvey (c'était son premier souci), devient beaucoup plus accommodant sur le reste, et ne paraît même que trop facile quand

---

[1] Ci-devant, p. 24.

[2] N° d'avril 1838.

[3] Voyez, ci-devant, p. 26, l'opinion même d'un maître de la critique italienne, de Tiraboschi.

10

il ne s'agit plus que de Fabrice d'Acquapendente.

Je l'ai déjà dit[1] : la découverte de la circulation du sang n'appartient pas à un seul homme.
Cette grande découverte n'a été faite que peu
à peu, et partie par partie ; plus de vingt anatomistes y ont concouru.

Harvey démontre la circulation du sang ;
mais il vient de Padoue, où il a eu pour maître
Fabrice d'Acquapendente, qui a découvert les
valvules des veines; mais dans cette même Université de Padoue, où s'est formé le premier
germe de toutes les idées d'Harvey[2], professait
naguère Realdo Colombo, qui a découvert la
circulation pulmonaire ; mais Padoue n'est pas
loin de Pise, où Césalpin, dans un éclair de génie,
entrevoyait la circulation pulmonaire, et, dans
un autre éclair, la circulation générale[3].

Dans la découverte de la circulation du sang,

---

[1] Ci-devant, ch. 1er, p. 1.
[2] Harvey a laissé deux ouvrages fondamentaux, l'un sur
la *circulation* et l'autre sur la *génération* : pour le premier,
il est parti de la découverte des valvules, faite par Fabrice,
et, pour le second, de l'ouvrage de ce même Fabrice sur
la *formation de l'œuf et du fœtus*. (*De formato fœtu* et *De
formatione ovi et pulli.*)
[3] Voyez, ci-devant, p. 18 et suiv.

le point difficile était de lier les diverses parties, et, si je puis ainsi parler, les diverses pièces, successivement aperçues, en un tout ; le point difficile était de saisir l'ensemble du phéno-mène, du mécanisme ; et c'est parce qu'Harvey est le premier qui ait nettement et complète-ment saisi cet ensemble que la grande gloire lui est restée.

De Sarpi.

Il y a, relativement à Sarpi, deux questions : la première est de savoir lequel des deux, de Fabrice ou de lui, a découvert les valvules des veines ; la seconde est de savoir s'il a connu la circulation. Selon ses partisans, il a découvert les valvules et connu la circulation ; et, selon moi, il n'a ni connu la circulation ni découvert les valvules.

De Sarpi et des valvules des veines.

On dit donc que Sarpi a découvert les valvules des veines. Mais qui dit cela ? C'est le Père Ful-gence, le compagnon, l'ami, l'historien enthou-siaste du Père Sarpi.

« Plusieurs hommes très-savants et de très-émi-

« nents médecins vivent encore, nous dit Ful-
« gence, qui savent très-bien que la découverte
« des valvules n'est pas de Fabrice d'Acquapen-
« dente, mais du Père, *ma dal Padre*, lequel,
« considérant la pesanteur du sang, vint à
« penser qu'il ne pourrait rester *suspendu*,
« comme il l'est, dans les veines, s'il n'y était
« retenu par quelque digue ou par quelque ob-
« stacle, et là-dessus, s'étant mis à faire des re-
« cherches, il trouva les valvules et leur usage[1].»

Or, voici quel est cet usage : « C'est, selon
« Fulgence, c'est-à-dire selon Sarpi, non-seule-
« ment d'empêcher que le sang, par son poids,
« distende les veines et y forme des varices,
« mais encore que, par son cours trop rapide et

---

[1] « Sono ancora viventi molti eruditissimi e eminentis-
« simi medici, tra questi Santorio Santorio e Pietron Asse-
« lineo, francese, che sanno che non fu speculatione, nè in-
« ventione dell' Acquapendente, ma dal Padre, il quale
« considerando la gravità del sangue, venne in parere che
« non potesse stare sospeso nelle vene, senza che vi fosse
« argine che lo ritenesse, e chiusure, ch' aprendosi et ris-
« serrandosi gli dassero il flusso, e l'equilibrio necessario
« alla vita. E con questo natural giuditio si pose à tagliare
« con isquisitissima osservatione, et ritrovò le valvule, e
« gl' usi loro..... » (*Opere del Padre Paolo dell'Ordine dei
Servi*, etc., 1687 : *Vita dal Padre*, p. 44.)

« sa trop grande quantité, il n'étouffe la chaleur
« des parties qui doivent s'en nourrir [1]. »

Concluons du moins, avant de quitter Fulgence, que Sarpi n'a pas connu l'usage des valvules. Les valvules s'opposent à la rétrograda-
tion du sang, mais point du tout à sa marche
rapide ; et je n'ai pas besoin d'ajouter que ce
n'est pas du sang des veines que les parties se
nourrissent.

Après Fulgence vient Gassendi.

« Je ne l'eus pas plutôt averti, nous dit Gas-
« sendi dans sa *Vie de Peiresc*, que Guillaume
« Harvey, médecin anglais, venait de publier
« un livre très-remarquable sur le passage con-
« tinuel du sang des veines dans les artères et,
« de nouveau, des artères dans les veines par
« des anastomoses imperceptibles, et qu'entre
« autres arguments il tirait grand parti, pour
« confirmer ce passage, des valvules des veines,
« dont lui-même avait entendu quelque chose

---

[1] ... « Perche non solamente prohibiscono ch'el sangue
« per la gravità non dilati le vene, à guisa di varice, mà
« anco à fine che con troppo impeto scorrendo, et in so-
« verchia quantità, non soffochi il calor delle parti, che
« desso si debbono nutrire. — (*Ibid.*, p. 15).

« de Fabrice d'Acquapendente, et se souvenait
« que le Père Sarpi, Servite, était le premier
« inventeur, qu'il voulut avoir le livre, et cher-
« cher les valvules, et connaître tout le
« reste [1]. »

Ainsi donc, c'est Gassendi qui rappelle à Peiresc que Fabrice lui a parlé des valvules, et que
lui, Peiresc, se souvient que c'est Sarpi qui les
a découvertes. Mais qui donc avait dit cela à
Peiresc? Apparemment, ce n'était pas Fabrice.
Ne serait-ce pas le Père Fulgence?

Du souvenir de Peiresc on passe à un autre
souvenir, à ces quelques mots échappés à la
plume rapide et conteuse de Thomas Bartholin.
Thomas Bartholin voyage ; il est en ce moment
à Padoue ; il écrit de Padoue à Jean Walæus,

---

[1] « Cum simul monuissem Gulielmum Harvæum, medi-
« cum Anglum, edidisse præclarum librum de successione
« sanguinis ex venis in arterias et ex arteriis rursùs in ve-
« nas per imperceptas anastomoses, inter cetera verò ar-
« gumenta confirmasse illam ex venarum valvulis, de qui-
« bus ipse inaudierat aliquid ab Acquapendente, et quarum
« inventorem primum Sarpium Servitam meminerat, ideò
« statim voluit et librum habere, et eas valvulas explorare,
« et alia internoscere... » (*Viri illustris Nicolai Claudii Fa-
bricii de Peiresc Vita* per Petrum Gassendum.... 1641,
p. 222.)

professeur à Leyde : il faut bien qu'il ait quelque
chose à conter de Padoue. Il conte donc « qu'il
« tient enfin de Vesling le secret de la décou-
« verte de la circulation du sang, secret qui ne
« doit être révélé à personne : *nulli revelandum*,
« savoir, que c'est une invention du Père Paul,
« Vénitien (duquel Acquapendente a tiré aussi la
« découverte des valvules des veines), comme il
« l'a vu sur un manuscrit du Père Paul, que
« conserve à Venise son disciple et son succes-
« seur le Père Fulgence [1]. » Toujours le Père
Fulgence !

Et d'ailleurs, pourquoi ce secret ne devait-il
être révélé à personne : *nulli revelandum*?
Pourquoi même était-ce un secret? Ce n'était
sûrement pas un péché que d'avoir découvert
la circulation du sang ou les valvules des
veines. Enfin, pourquoi le révéler, s'il ne devait
pas être révélé? Pourquoi surtout attendre,

---

[1] « De circulatione Harvejanâ secretum mihi aperuit
« Veslingius, nulli revelandum ; esse nempe inventum Pa-
« tris Pauli, veneti (à quo de ostiolis venarum sua habuit
« Acquapendens), ut ex ipsius autographo vidit, quod Ve-
« netiis servat P. Fulgentius, illius discipulus et succes-
« sor..... » Patavio, 30 oct. 1642. (Thom. Barthol. *Epist.
med.*, cent. i, epist. xxvi.)

pour faire cette révélation, la mort de Fabrice [1] ?

Fabrice n'avait pas attendu la mort de Sarpi
pour dire hautement et simplement qu'il avait
découvert les valvules. « Ce qui d'abord étonne,
« dit-il, c'est que ces valvules aient échappé
« jusqu'ici à tous les anatomistes, tant anciens
« que modernes, et tellement échappé que non-
« seulement il n'en a été fait aucune mention,
« mais que personne même ne les avait vues
« avant l'année 1574, où je les ai observées
« pour la première fois avec une grand joie :
« *summâ cum lætitiâ* [2]. »

Lorsque Fabrice écrivait ceci, Sarpi avait

---

[1] La lettre de Thomas Bartholin est de 1642, et la mort
de Fabrice de 1619.

[2] « De his itaque in præsentiâ locuturis, subit primum
« mirari quomodo ostiola hæc, ad hanc usque ætatem tam
« priscos quam recentiores anatomicos adeo latuerint, ut
« non solum nulla proïsus mentio de ipsis facta sit, sed ne-
« que aliquis prius hæc viderit quam anno Domini septua-
« gesimo quarto, suprà millesimum et quingentesimum,
« quo à me summâ cum lætitiâ, inter dissecandum, ob-
« servata fuere. » (Hieron. Fab. ab Acquap., *De venarum
ostiolis.*) — Voyez, ci-devant, p. 25. — Je reproduis ici
quelques-unes de mes citations précédentes pour que le
lecteur ait constamment sous l'œil les preuves du débat
qui m'occupe.

vingt-deux ans [1]. Sarpi survécut quarante-neuf ans à la déclaration de Fabrice ; et non-seulement ni lui, ni le Père Fulgence, ni aucun autre de ses amis, n'éleva jamais la voix contre Fabrice, mais ceux-ci, au contraire, tenaient, comme on vient de le voir, leur secret très-caché ; ils se prescrivaient de ne pas le révéler ; ils le révélaient cependant, et malheureusement ils ne le révélaient qu'après la mort de Fabrice.

Ajoutez, et ceci est le point décisif, que Fabrice était non-seulement un anatomiste consommé, un homme supérieur dans une science donnée, mais un très-honnête homme. Harvey l'appelle un vénérable vieillard : *venerabilis senex*.

« C'est, dit Harvey, le très-illustre Jérôme « Fabrice d'Acquapendente, anatomiste très- « habile et vénérable vieillard, qui le premier a « vu, dans les veines, des valvules membra- « neuses de figure sigmoïde ou semi-lu- « naire [2]... »

---

[1] Il était né en 1552, et mourut en 1623.
[2] « Clarissimus Hieronym. Fabr. ab Acquapendente, pe- « ritissimus anatomicus et venerabilis senex, primus in

Les partisans de Sarpi comptent jusqu'à cinq témoignages pour lui : d'abord celui de Fulgence, puis celui de Peiresc, puis celui de Vesling, puis celui de Thomas Bartholin, et enfin celui de Jean Walæus.

Mais, si j'excepte le témoignage de Peiresc, dont je ne vois pas bien l'origine, tous les autres n'en font qu'un.

Car c'est Fulgence qui, en montrant le manuscrit de Sarpi à Vesling, lui a confié le secret; c'est Vesling qui a transmis ce secret à Thomas Bartholin, et c'est Thomas Bartholin qui l'a communiqué à Jean Walæus.

Restent donc deux témoignages distincts : celui de Peiresc et celui de Fulgence.

A ces deux-là, j'en oppose deux aussi : en premier lieu, celui d'Harvey, que je viens de citer, homme plus compétent, sur le sujet dont il s'agit, que Peiresc ou Fulgence ; et, en second lieu, celui de Gaspard Bauhin, l'immortel auteur du *Pinax*, élève, comme Harvey, de Fa-

---

« venis membraneas valvulas delineavit figurâ, sigmoïdes, « vel semilunares portiunculas tunicæ interioris venarum, « eminentes et tenuissimas... »(*Exerc. anat. de motu cordis et sanguinis*, cap. XIII.)

brice, et qui, dans son *Traité d'anatomie*, publié en 1592, s'exprime ainsi : « Nous ne trou-
« vons personne qui ait fait mention des valvules
« avant le célèbre Fabrice d'Acquapendente,
« notre maître en anatomie, *anatomicum præ-*
« *ceptorem nostrum,* qui, il y a dix-huit ans, les
« a, pour la première fois, démontrées dans
« l'amphithéâtre de Padoue [1]. »

Morgagni, l'historien le plus savant, et, tout à
la fois, le critique le plus attentif qu'ait eu l'a-
natomie, Morgagni a connu, a vu, a pesé tous
les prétendus témoignages que l'on invoque, et
tout cet appareil n'a point ébranlé son jugement.
Morgagni a conclu, comme je conclus, que l'auteur de la découverte des valvules des veines n'est
point Sarpi, mais Fabrice [2].

---

[1] « Neminem legimus qui earum fecerit mentionem ante
« cl. anatomicum Hieronymum Fabricium ab Acquapen-
« dente, patavinum, anatomicum præceptorem nostrum,
« qui ante annos octodecim eas in patavino theatro demon-
« stravit, et ipsimet demonstrari vidimus ab eodem ante
« annos quatuordecim. » (*Anatomes,* libr. II.)

[2] Voyez la XVe des *Lettres de Morgagni sur Valsalva.*
(*Epist. anat. duodeviginti ad script. pertinent. Valsalvæ.*)

De Sarpi et de la circulation du sang.

Ceux qui, admettant les témoignages que je combats, quand il s'agit de Fabrice, croient pouvoir ensuite les rejeter quand il s'agit d'Harvey, se font une singulière illusion. Ces témoignages ne sont pas divisibles.

« La découverte de la circulation, dit Vesling, est une invention du Père Paul, duquel Fabrice a tiré aussi le fait des valvules [1]. »

« C'est dans ce siècle, dit Jean Walæus, que l'incomparable Paul, Servite, a connu les valvules des veines, publiquement démontrées ensuite par le grand anatomiste Fabrice, et que de leur disposition il a conclu le mouvement du sang... Instruit par ce Servite : *ab hoc Servitâ edoctus*, le très-docte Guillaume Harvey a mieux étudié encore ce mouvement, et l'a publié sous son nom [2]. »

[1] Voyez, ci-devant, page 115.
[2] « Hoc seculo denuò vir incomparabilis Paulus, Servita, « venetus, valvularum in venis fabricam observavit accu- « ratius, quam magnus anatomicus Fabricius ab Acquapen- « dente posteà edidit, et ex eâ valvularum constitutione « aliisque experimentis hunc sanguinis motum deduxit,

Comment séparer ici Harvey de Fabrice ? Et notez bien que, tandis que cela s'écrivait, Harvey vivait encore ; mais notez bien aussi , et à sa louange, qu'il eut le bon sens de n'en tenir aucun compte [1].

Quand les ennemis d'Harvey se furent bien convaincus qu'il ne répondrait pas, ils l'attaquèrent moins : ils se lassèrent eux-mêmes d'un bruit inutile. Et ce même Thomas Bartholin, qui, dans sa lettre à Jean Walæus, datée de 1642, avait révélé le fameux secret, écrivait, quelques années plus tard , en 1673, ce que l'on va lire :

« Dans le dernier siècle, Césalpin a deviné « quelque chose de la circulation ; mais, dans le « nôtre, l'honneur de la première découverte, « *laus primæ inventionis*, est dû à Harvey, an-

« egregioque scripto asseruit, quod etiamnum intelligo apud « venetos asservari... Ab hoc Servitâ edoctus vir doctis- « simus Gulielmus Harvejus sanguinis hunc motum ac- « curatius indagavit, inventis auxit, probavit firmius, « et suo divulgavit nomine. » (*De motu chyli et sanguinis*, etc.)

[1] De tous ses adversaires, Riolan est le seul à qui jamais il ait répondu. — Voyez, ci-devant, p. 95.

« glais... Il est vrai que le Père Fulgence en a
« trouvé quelque chose dans les papiers de Paul
« Sarpi, d'où est née l'occasion de conjecturer
« que Sarpi avait ouvert la voie à Harvey : c'est
« tout simplement qu'Harvey, ainsi que je l'ai
« appris de ses amis, avait été lié avec Sarpi,
« qu'il lui avait communiqué ses pensées tou-
« chant le mouvement du sang, et que celui-ci
« en avait pris et conservé note dans ses papiers,
« selon son usage... Tout le monde reconnaît
« Harvey pour le premier auteur de la décou-
« verte : *Harvejo omnes applaudunt circulatio-*
« *nis auctori* [1]. »

Et voilà le thème retourné. Dans la *lettre* de
Thomas Bartholin, c'est de Sarpi qu'Harvey

---

[1] « Priori seculo Cesalpinus aliquid de eâ (de circulatione)
« divinavit,... sed clarius nostro seculo innotuit Harvejo,
« anglo, cui primæ inventionis, promulgationis et per varia
« argumenta et experimenta probationis, prima laus me-
« ritò debetur... Quamquam P. Fulgentius in schedis Pauli
« Sarpæ, veneti, aliquid hâc de re invenerit, unde suspi-
« candi orta est occasio Sarpam Harvejo viam monstrasse;
« sed, sicut ab amicis Harveji accepi, familiaris hic illi
« fuit, unde cum has de sanguinis motu cogitationes illi
« communicasset, Sarpa in schedis retulit more suo, pos-
« terisque ansam dubitandi subministravit. At Harvejo
« omnes applaudunt, *circulationis* auctori. » (Thomæ Bar-
tholini, *Anatome*, etc.; *Libell. de venis* : Leyde, 1673.)

tient la découverte ; et dans le *livre* de Thomas
Bartholin, c'est d'Harvey que Sarpi la tient.
Après cela, comptez sur les secrets et les confi-
dences pour écrire l'histoire.

Je viens au document nouveau produit par
M. Bianchi-Giovini : c'est une lettre de Sarpi.
Sarpi était un homme d'une capacité prodigieuse;
il avait cette prerspicacité qui devine ; il était
capable de tout découvrir. Ce n'est pas une raison pour qu'il ait tout découvert, et l'on peut là-
dessus ne pas s'en rapporter à Fulgence [1].

Voici cette lettre ou plutôt ce fragment de
lettre, car ce n'est qu'un fragment, mais qui
frappe par les traits, qui s'y pressent, d'une pénétration supérieure : « Quant à vos exhortations,
« je dois vous dire que je ne suis plus, comme
« autrefois, dans une position qui me permette
« de charmer mes heures de silence en faisant
« des observations anatomiques sur des agneaux,
« des chèvres, des vaches et d'autres animaux :

---

[1] « Eâ Sarpius fuit ingenii vi, eo studio, eâ industriâ,
« solertiâ, sagacitate, ut tametsi in omnibus propemodum
« scientiis atque artibus, non. ea omnia quæ ipsi in vitâ
« istâ (la *Vie de Sarpi* par Fulgence) tribuuntur (nihil au-
« tem fere non tribuitur) primus deprehendere... posset. »
(Morgagni : XVe *Lettre sur Valsalva*.)

« si je le pouvais, je serais, en ce moment, plus
« désireux que jamais d'en répéter quelques-
« unes, à cause du noble présent que vous m'a-
« vez fait du grand et bien utile ouvrage de
« l'illustre Vésale. Il y a réellement une grande
« analogie entre les choses déjà remarquées et
« notées par moi à l'égard du mouvement du
« sang dans le corps animal et de la structure
« ainsi que de l'usage des valvules, et ce que je
« trouve avec plaisir indiqué, quoique moins clai-
« rement, dans le livre VII, chapitre xix, de cet
« ouvrage. On peut inférer de là que, par l'in-
« sufflation d'un air nouveau dans la trachée
« d'hommes mourants, ou de ceux dans lesquels
« les fonctions vitales paraissent avoir cessé,
« nous réussirions à rendre à leur sang le mou-
« vement perdu et à prolonger leur vie pendant
« quelque temps. S'il en est ainsi, et l'on n'en
« peut plus douter après les expériences de ce
« grand anatomiste, je suis plus que jamais con-
« firmé dans l'opinion que l'air que nous respi-
« rons contient un principe ou agent capable de
« vivifier le fluide sanguin, et de rétablir son
« mouvement dans ceux qui sont surpris par des
« évanouissements mortels ou asphyxiés par les

« vapeurs pernicieuses qui s'exhalent des tom-
« bes,... un agent, en un mot, tel que celui indi-
« qué par l'Écriture dans les mots : *anima omnis*
« *carnis* (c'est-à-dire de toute chose vivante) *in san-*
« *guine est*, duquel aussi parlèrent plusieurs phi-
« losophes anciens, et, plus près de notre temps,
« Marsile Ficin, Pic de la Mirandole, etc., etc. »

Voilà Sarpi ! Il a connu les valvules ; il a mé-
dité sur le mouvement du sang ; de quelques
expériences de Vésale sur l'insufflation de l'air
dans la trachée pour entretenir les mouvements
du cœur, il conclut la présence dans l'air d'un
principe, vif, actif, pénétrant, d'un *air vital*, de
notre *oxygène* ; il conclut et semble prédire, car
tout ceci est de lui [1] et lui vient tout à coup, il
prédit jusqu'au parti qu'on pourra tirer un jour
de cet *agent*, encore inconnu, pour ranimer les
mouvements du cœur prêts à s'éteindre et ra-

---

[1] La belle expérience de Vésale n'était qu'une expérience
de simple étude. Pour examiner le mouvement du cœur,
Vésale ouvrait la poitrine, et, quand il voyait la vie près
de s'éteindre, il la ranimait et l'entretenait par l'insufflation de l'air dans la trachée... « Ut verò vita animali quo-
« dammodo restituatur, foramen in asperæ arteriæ caudice
« tentandum est, cui canalis ex calamo aut arundine indetur,
« isque inflabitur, ut pulmo assurgat, ipsumque animal quo-
« dammodo acrem ducat: levi enim inflatu in vivo hoc animali

11.

mener les asphyxiés à la vie. Que de sagacité,
que de perspicacité, quelle puissance de vue, et
que, dans quelques élus de Dieu, l'esprit humain a de force !

Si dans ces quelques lignes Sarpi nous eût
dit : « J'ai découvert les valvules, » à mes yeux
tout serait fini ; je proclamerais Sarpi l'auteur
de la découverte des valvules ; le génie a toujours droit d'être cru ; mais Sarpi se borne
à dire qu'il les connaît, et qu'il a dans le
temps écrit quelques *notes* sur leur *structure* et
sur leur *usage*, et, de plus, le fragment de lettre
où il parle ainsi est évidemment postérieur à la
publication de Fabrice.

Ce fragment est sans date ; mais il est, ce me
semble, facile de reconnaître qu'il n'a pu être
écrit avant la démonstration des valvules, faite
par Fabrice, et ce point suffit pour l'objet présent. « Je ne suis plus, comme autrefois, dans
« une position... » dit Sarpi. Or, quand cet *autrefois* n'irait qu'à quatre ou cinq ans, et il est

« pulmo tantum quanta thoracis erat cavitas intumet, cor-
« que vires denuò assumit, et motus ipsius differentia
« pulchrè evariat... » (Vesalii, *De corp. hum. fabr.* lib. VII,
cap. xix.)

difficile qu'il aille à moins, Sarpi, qui n'avait
que vingt-deux ans en 1574, lorsque Fabrice
démontrait publiquement les valvules, n'en aurait donc eu que dix-huit ou dix-sept lorsqu'il
aurait découvert, à un âge où l'on pense si peu
sur le mécanisme profond du corps animal, une
des structures les plus cachées de cet organisme.
Le fait est peu vraisemblable [1]. Sarpi a connu les
valvules, et ne les a pas découvertes.

Je vais plus loin pour ce qui regarde la circulation : il ne l'a pas même connue.

---

[1] Mais, me dit-on, Fabrice lui-même cite ailleurs, et
avec de grands éloges, une observation de Sarpi. Le cas est
très-différent : d'abord, l'observation pour laquelle Fabrice
cite Sarpi n'a été faite que beaucoup plus tard; en second
lieu, elle a été faite à l'instigation de Fabrice ; en troisième
lieu, enfin, il ne s'agit plus d'une observation d'anatomie
profonde, de structure cachée : il s'agit tout simplement
du jeu différent de l'*iris* sous une faible ou sous une forte
lumière... « Re igitur cum amico quodam nostro com-
« municatâ, ille tandem fortè id observavit, scilicet non-
« modo in cato, sed in homine et quocumque animali,
« foramen uveæ in majori contrahi luce, in minori dila-
« tari. Quod arcanum observatum est, et mihi signi-
« ficatum à Rev. Patre Magistro Paulo veneto, Ordinis
« ut appellant Servorum Theologo, philosophoque insigni,
« sed mathematicarum disciplinarum, præcipuèque op-
« tices, maximè studioso, quem hoc loco honoris gratiâ no-
« mino... » (*De oculo*, etc., pars III, cap. VI.)

« Il y a une grande analogie, dit-il, entre les
« choses observées et notées par moi, à l'égard
« du mouvement du sang et de l'usage des val-
« vules, et ce que je trouve indiqué, quoique
« moins clairement, dans Vésale. » Mais Vésale
n'a rien su des valvules ; il n'a connu du mouvement du sang que la partie du phénomène
qui se passe dans les artères [1], et il s'est complétement trompé sur la marche du sang dans les
veines : « le sang, dit-il, est porté dans tout le
« corps par les veines [2]. » C'était l'inverse qu'il
fallait dire : il est porté dans tout le corps par les
artères, et il en est rapporté par les veines.
Comment Sarpi, s'il connaissait la véritable marche du sang, ne s'est-il pas aperçu de l'erreur de

[1] Galien avait très-bien prouvé que le sang est contenu
dans les artères : *sanguinem in arteriis contineri* (Voyez,
ci-devant, pag. 3 et suiv.) ; mais cela avait été oublié, et
l'on croyait, dans l'école, que les artères ne contenaient que
l'*esprit vital*. Vésale prouva, de nouveau, que les artères
contenaient le sang : « atque ità... observatur in arteriis
« sanguinem naturâ contineri, si quandò arteriam in vivis
« aperimus. » (*De corp. hum. fabr.*, p. 568.)

[2] « Ceterùm in venarum usu inquirendo, vix quoque
« vivorum sectione opus est : quum in mortuis affatim
« discamus eas sanguinem per universum corpus deferre,
« et partem aliquam non nutriri in quâ insignis vena in
« vulneribus præscinditur. » (*Ibid.*)

Vésale; et comment, s'il s'en est aperçu, a-t-il pu dire qu'il y avait une grande analogie entre les idées de Vésale et les siennes ? Les siennes n'étaient donc ni plus avancées ni plus justes que ne l'étaient celles de Vésale.

Et l'on a droit d'en être surpris. Car, tandis que Sarpi écrivait, à Padoue, touchant la circulation du sang, ces lignes si incertaines, Césalpin écrivait, à Pise, cette phrase si précise et si claire : « Le sang conduit au cœur par les veines, « y reçoit sa dernière perfection, et, cette per- « fection acquise, il est porté par les artères dans « tout le corps [1]. »

Encore une fois [2], pouvait-on mieux concevoir et mieux définir la *circulation*? Le véritable devancier d'Harvey, ce n'est pas Sarpi, c'est Césalpin, et ici il n'y a rien à cacher : on peut révéler le secret à tout le monde.

---

[1] « In animalibus videmus alimentum per venas duci « ad cor tanquam ad officinam caloris insiti, et, adeptâ « inibi ultimâ perfectione, per arterias in universum « corpus distribui... » (*De plantis*, lib. I, cap. II, p. 3. Florence, 1583.)

[2] Voyez, ci-devant, p. 22.

D'Harvey et du véritable usage des valvules.

Fabrice ne vit pas l'usage des valvules. Il crut qu'elles n'en avaient d'autre que de prévenir la trop grande distension de la tunique fine des veines [1] : c'est pourquoi, disait-il, les artères, qui ont des tuniques très-fortes, n'ont pas de valvules [2].

Harvey a donc eu grandement raison, quand il a dit que personne, avant lui, Harvey, n'avait connu l'usage des *valvules* [3]. Il faut lire là-dessus

[1] ... « Dicere procul dubio tutò possumus ad prohiben-« dam quoque venarum distensionem fuisse ostiola à « Summo Opifice fabrefacta : distendi autem ac dilatari fa-« cile potuissent venæ, cum ex membranosâ substantiâ eâ-« que simplici ac tenui sint conflatæ... » (Fabr. ab Acquap : *De venarum ostiolis.*)

[2] « Arteriis autem ostiola non fuere necessaria, neque ad « distensionem prohibendam propter tunicæ crassitiem ac « robur... » (*Ibid.*)

[3] « Harum valvularum usum inventor non est asse-« cutus, neque alii, qui dixerunt, ne pondere deorsum « sanguis in inferiora subitò ruat. Sunt namque in jugu-« laribus deorsum spectantes, et sanguinem sursum prohi-« bentes ferri : nam ubique spectant à radicibus venarum « versus cordis locum... » (*Exercit. anatom. de motu cor-dis*, etc., cap. XIII.— « Si vous tentez, dit Fabrice, de pous-« ser le sang en bas, vous le verrez manifestement arrêté

et relire tout son XIIIᵉ chapitre, qui est son chapitre de génie. Fabrice, qui croit que le sang va
dans les veines du cœur aux parties, en conclut
que les valvules ont pour effet de ralentir le
cours du sang, de l'empêcher de se précipiter
dans les veines inférieures, d'y affluer, de les
distendre, etc.

Vous ne voyez pas toute la portée de votre découverte, lui dit Harvey : vous croyez que les valvules se bornent à ralentir le cours du sang ; elles
font bien plus, elles s'opposent complétement
à ce qu'il aille dans le sens que vous supposez ;
elles le forcent à aller en sens contraire. Remarquez donc, je vous prie, qu'elles sont toutes di-
rigées vers le cœur : elles contraignent donc le
sang à marcher toujours vers le cœur [1], à tour-
ner sur lui-même, à revenir au point d'où il est

« par les valvules, et ce n'est pas autrement que j'ai été
« conduit à leur découverte : Si enim premere, aut deor-
« sum fricando adigere sanguinem per venas tentes, cur-
« sum istius ab ipsis ostiolis intercipi, remorarique apertè
« videbis : neque enim aliter ego in hujusmodi notitiam
« sum deductus. » (*De venarum ostiolis.*)

[1] « ..... Adeo ut venæ viæ patentes et apertæ sint regre-
« dienti sanguini ad cor, progredienti verò à corde omninò
« occlusæ. » (*Exercit anat. de motu cordis,* etc., cap. XIII.)

parti, à revenir par les veines au cœur, d'où il est parti par les artères.

C'est là toute la *circulation*, Fabrice ; et ce sont vos *valvules* qui la démontrent.

D'Harvey et de ses devanciers.

Les devanciers d'Harvey sont Fabrice, qui a découvert les valvules ; Césalpin, qui a si bien défini la *circulation générale* [1] ; ce même Césalpin, qui n'a pas moins bien défini la *circulation pulmonaire* [2] ; c'est Realdo Colombo, qui, avant

---

[1] Césalpin est le premier qui ait vu, avec des yeux de physiologiste, ce fait si digne de remarque, et jusqu'à lui si peu remarqué, savoir que, dans la ligature du bras pour la saignée, la veine se gonfle toujours *au-dessous* et jamais *au-dessus* de la ligature. Voyez, ci-devant, p. 22.

[2] « Idcircò pulmo per venam arteriis similem ex dextro « cordis ventriculo fervidum hauriens sanguinem, eumque « per anastomosim arteriæ venali reddens, quâ in sinis- « trum cordis ventriculum tendit, transmisso interim aere « frigido per asperæ arteriæ canales, qui juxtà arteriam « venalem protenduntur, non tamen osculis communican- « tes, ut putavit Galenus, solo tactu temperat. Huic san- « guinis *circulationi* ex dextro cordis ventriculo per pulmo- « nes in sinistrum ejusdem ventriculum optimè respondent « ea quæ ex dissectione apparent. Num duo sunt vasa in « dextrum ventriculum desinentia, duo etiam in sinis- « trum : duorum autem unum intromittit tantum, alte-

Césalpin, avait vu la *circulation pulmonaire* [1] ; c'est Servet, qui l'avait vue avant Colombo.

De Némésius, évêque d'Émèse.

Je me borne à rappeler ici ces divers points, tous développés dans mes précédents chapitres.

Il est sûr que Servet a découvert la circulation pulmonaire ; mais il est également sûr que, le livre absurde dans lequel cette belle découverte se trouve exposée ayant été brûlé presque aussitôt qu'imprimé, Servet n'a influé sur aucun de ses successeurs.

Dans l'ordre des dates influentes, Colombo est donc le premier ; puis vient Césalpin, puis Fabrice, et puis Harvey.

On a dit que Servet avait pu tirer quelque secours de Némésius, évêque d'Émèse [2]. On s'est

---

« rum educit, membranis eo ingenio constitutis... » (*Quæst. peripatetic.*, lib. V, cap. IV.)

[1] Voyez, ci-devant, p. 17.

[2] « ..... Ces idées, il aurait pu les puiser dans un ou- « vrage de Némésius, intitulé *De naturâ hominis...* Cet évê- « que explique le phénomène de la circulation du sang « comme Servet... » (*Biog. univ.*, art. *Servet.*)

trompé. Servet n'a influé sur personne, mais aussi personne n'avait influé sur lui.

Némésius ne dit pas un mot de la *circulation pulmonaire*, si nettement expliquée par Servet ; il parle du *pouls*, de la *chaleur animale*, de l'*esprit vital*, et parle de tout cela comme Galien. Il le suit en tout [1]. Le premier mérite de

---

[1] « Pulsuum motus, qui vitalis facultas dicitur, initium « habet à corde, et maximè à sinistro ejus ventriculo, qui « spirabilis appellatur, et innatum vitalemque calorem « omni parti corporis per arterias, ut jecur alimentum per « venas, impertit... Nam spiritus vitalis ab eo per arterias « in totum corpus dispergitur. Plerumque autem inter se « hæc tria simul finduntur : vena, arteria, nervus, e tribus « initiis quæ animal gubernant profecta. E cerebro, prin-« cipio movendi et sentiendi, nervus. E jecore, principio « sanguinis et alentis facultatis, vena, vas sanguinis. E corde, « principio vitalis facultatis, arteria, vas spiritus. Cum au-« tem hæc coeunt, mutuis inter se commodis fruuntur. Vena « enim pastum suppeditat nervis et arteriæ. Arteria venæ « calorem naturalem et spiritum vitalem impertit. Unde « neque arteria inveniri potest sine tenui sänguine, neque « vena sine spiritu, qui ad vaporis naturam accedat. Didu-« citur autem vehementer, et contrahitur arteria, harmo-« niâ quâdam, et ratione, initio motus à corde sumpto. « Sed dum diducitur, à proximis venis vi trahit tenuem « sanguinem, cujus respiratio fit alimentum spiritui vitali. « Dum autem contrahitur, quod in se fuliginosi est per to-« tum corpus et occulta foramina exhaurit, quomodo cor, « per os, et nares, quidquid fuliginosi est, expirando sur-

Servet est de n'avoir pas suivi Galien, de l'avoir contredit, d'avoir vu autrement que lui et d'avoir bien vu. « Si quelqu'un compare (dit-il « avec une juste confiance) ces choses avec ce « qu'a écrit Galien dans ses livres VI et VII « *de l'Usage des parties*, il comprendra plei- « nement la vérité que Galien n'a pas aper- « çue. »

A un homme qui a eu le malheur d'être brûlé, et d'être brûlé pour un livre absurde, il ne faut rien ôter de l'honneur insigne d'avoir été le premier à laisser là Galien, à penser par lui-même et à faire sortir de cet effort nouveau une dé-

---

« sum expellit. » Voilà tout ce que Némésius a dit. Ce *pouls*, qui tire son origine du cœur; cette *chaleur vitale*, qui tire son origine du ventricule gauche; ces *artères*, qui portent la chaleur vitale partout et la tirent du *cœur;* ces *veines*, qui portent l'*aliment* partout et le tirent du *foie;* ce trépied de la vie, le *cerveau*, le *cœur* et le *foie*, etc., tout cela vient de Galien. (Voyez, ci-devant, p. 75 et suiv.) Une ou deux lignes semblent marquer une communication des veines avec les artères : « Sed dum diducitur (arteria) à « proximis venis vi trahit sanguinem... Unde neque arteria « inveniri potest sine tenui sanguine, neque vena sine spi- « ritu... » Mais est-ce là un mécanisme compris? Et mettez à côté, pour contre-partie, ce foie qui porte partout l'ali- ment par les veines : « Jecur alimentum per venas imper- « tit, etc., etc. »

couverte qui n'est encore, à la vérité, qu'une
vue incomplète, mais vue incomplète d'un phénomène dont la vue complète a suffi pour placer
Harvey au rang des grands hommes.

V

De Servet et de la formation des esprits.

Servet a découvert la circulation pulmonaire. Le fait est patent. J'ai rapporté (chap. 1er, pag. 14 et suiv.) le beau, l'immortel passage où il la décrit beaucoup mieux que ne le firent, plusieurs années après lui, Colombo et Césalpin. Leibnitz caractérise très-bien Césalpin par ces mots : « André Césalpin, médecin, auteur de « mérite, et qui a le plus approché de la circu- « lation du sang, après Michel Servet. »

Ici deux choses étonnent. Comment Servet, ailleurs si confus, a-t-il pu rencontrer cette lucidité admirable de quelques pages? Et, d'un autre côté, comment une découverte de physiologie, de pure et de profonde physiologie, se trouve-t-elle dans un livre qui a pour titre : *De la Restitution du Christianisme* [1]?

[1] *Christianismi restitutio. Totius ecclesiæ apostolicæ ad sua limina vocatio, in integrum restituta cognitione Dei,*

Il y a longtemps que je désirais m'éclaircir sur ce dernier point. L'obligeance de mon illustre et savant confrère à l'Institut, M. Magnin [1], m'en a fourni tous les moyens. J'ai vu, j'ai touché le livre de Servet. Un exemplaire de ce trop fameux livre est soigneusement conservé dans notre bibliothèque ; et, pour comble, cet exemplaire, l'unique peut-être qui subsiste encore aujourd'hui, était l'exemplaire même de Colladon, l'un des accusateurs suscités par l'impitoyable Calvin contre l'infortuné Servet. Il a appartenu au médecin anglais Richard Mead, célèbre par son *Traité des poisons*. Mead le donna à de Boze. Il fut acquis plus tard par la Bibliothèque royale à un très-haut prix. Colladon y a souligné les propositions sur lesquelles il accusait Servet. Enfin, et pour dernier trait d'une trop irrécusable authenticité, plusieurs pages de ce malheureux exemplaire sont en partie roussies et consumées par le

---

fidei Christi, justificationis nostræ, regenerationis baptismi et cenæ Domini manducationis. Restituto denique nobis regno cælesti, Babylonis impiæ captivitate solutá, et Antichristo cum suis penitus destructo. (Vienne en Dauphiné, 1553.)

[1] L'un des Conservateurs de la Bibliothèque impériale.

feu. Il ne fut sauvé du bûcher où l'on brûlait à la fois le livre et l'auteur que lorsque l'incendie avait déjà commencé.

Ecartons ces souvenirs affreux. Il ne s'agit ici, grâce à Dieu, que de physiologie.

Je commence par avertir ceux qui, par zèle pour Harvey, vont jusqu'à supposer que le passage sur la *circulation pulmonaire* pourrait bien être un passage intercalé, qu'ils se trompent. Point d'intercalation, point d'interpolation : nulle tricherie. Le passage est de Servet, complétement de Servet; et il n'y a qu'à se résigner. Sur ce grand phénomène de la circulation du sang, longtemps avant Harvey un homme avait eu du génie, et cet homme est Servet.

Mais comment Servet a-t-il imaginé d'aller fourrer la description de la *circulation pulmonaire* dans un livre sur la *restitution du christianisme?*

Quand on jette un coup d'œil sur les écrits de Servet, ce qui, je l'avoue, ne m'était pas arrivé jusqu'ici, on s'aperçoit bien vite du parti qu'il a pris. en théologie, de s'attacher uniquement et obstinément au sens littéral. Il cherche partout ce sens littéral; il accuse tout le monde, et surtout Calvin. de ne pas l'entendre; il entasse les citations pour prouver que lui seul l'entend.

Je n'ai pas besoin de quitter mon sujet pour en trouver l'exemple. L'Écriture a dit que l'âme est dans le sang, que l'âme est le sang même : *anima est in sanguine ; anima ipsa est sanguis.*

Puisque l'âme est dans le sang, se dit Servet, pour savoir comment l'âme se forme, il faut donc voir comment se forme le sang ; pour savoir comment le sang se forme, il faut voir comment il se meut ; et c'est ainsi qu'à propos de la *restitution du christianisme* il est conduit à la formation de l'âme, de la formation de l'âme à celle du sang, et de la formation du sang à la *circulation pulmonaire.*

Mais ce n'est pas tout. De ce même sang, dont se forme l'âme, se forment aussi les *esprits.* Servet explique successivement la formation du *sang,* celle des *esprits,* celle de *l'âme,* et de tout cela résulte une *philosophie* à moitié théologique, à moitié physiologique, en somme fort singulière, et qu'il appelle *divine.*

« Pour que vous ayez, dit-il, cher lecteur,
« une explication complète de l'âme et des es-
« prits, je joindrai ici une divine philosophie,
« que vous entendrez facilement, pour peu que

« vous vous soyez appliqué à l'anatomie [1]. »

Cela dit, il se met à expliquer la formation des *esprits*. Nous avons déjà vu, dans Galien [2], toute la théorie de cette formation. Servet ne cite pas Galien, mais il le copie. Il cite un certain Aphrodisæus, médecin qui vivait au commencement du xvi° siècle, et le critique. Aphrodisæus, dit-il, compte trois esprits : le *naturel*, le *vital* et l'*animal*; mais il n'y en a point trois, il n'y en a que deux, le *vital* et l'*animal* [3]. Le *naturel* est le même que le *vital*. L'esprit vital passe des artères dans les veines, et là il est appelé *naturel* [4].

Il y a donc trois principes : le *sang*, dont le siége est dans le foie et les veines du corps, l'*esprit vital*, dont le siége est dans le cœur et dans les artères; et l'*esprit animal*, dont le siége est dans le cerveau et dans les nerfs [5].

[1] « Ut vero totam animæ et spiritus rationem habeas, lector, divinam hic philosophiam adjungam, quam facile intelliges, si in anatome fueris exercitatus. »

[2] Voyez, chap. iii, ce que j'ai dit de la théorie de Galien sur la formation des *esprits*.

[3] « Tres spiritus vocat Aphrodisæus, naturalis, vitalis « et animalis..... Verè non sunt tres, sed duo spiritus dis- « tincti. »

[4] « Vitalis est spiritus qui per anastomoses ab arteriis « communicatur venis, in quibus dicitur naturalis. »

[5] « Primus ergo est sanguis, cujus sedes est in hepate

C'est du sang contenu dans le foie que l'âme
tire sa matière première par une élaboration admirable, *per elaborationem mirabilem* [1] ; et c'est
pourquoi l'âme est dite *être dans le sang, être le
sang même*, c'est-à-dire l'*esprit du sang* [2].

Mais il faut d'abord entendre comment se
forme l'*esprit vital*. Il se forme du mélange de
l'air, attiré par l'inspiration, avec le sang que
le ventricule droit envoie au ventricule gauche,
mélange qui se fait dans le poumon ; car il ne
faut point croire, comme on le dit communément, s'écrie Servet, que le sang passe d'un
ventricule à l'autre par leur cloison moyenne :
il ne passe d'un ventricule à l'autre qu'en tra-
versant le poumon [3] ; et c'est ici que se trouve

« et corporis venis. Secundus est spiritus vitalis, cujus
« sedes est in corde et corporis arteriis. Tertius est spiri-
« tus animalis, cujus sedes est in cerebro et corporis
« nervis. »

[1] « Ex hepatis sanguine est animæ materia per elabora-
« tionem mirabilem. »

[2] « Hinc dicitur anima esse in sanguine, et anima ipsa
« esse sanguis, id est spiritus sanguineus..... Non dicitur
« anima principaliter esse in parietibus cordis, aut in
« corpore ipso cerebri, aut hepatis, sed in sanguine, ut
« docet ipse Deus : *Genes.* 9, *Lev.* 17 et *Deut.* 12. »

[3] « Ad quam rem est prius intelligenda substantialis ge-
« neratio ipsius vitalis spiritus, qui ex acre inspirato et

le merveilleux passage sur la *circulation pulmonaire*.

J'ai déjà rapporté, j'ai déjà traduit (chap. 1er, pag. 14 et suiv.) tout cet étonnant passage. Je me borne donc à le rappeler ici ; et je reviens, hélas ! au pauvre Servet, au Servet confus, absurde et qui n'a plus de génie.

L'*esprit vital*, formé dans le poumon, passe du poumon dans le ventricule gauche et du ventricule gauche dans les artères, de telle façon, néanmoins, que les parties les plus ténues tendent toujours vers le haut, et, s'élaborant de plus en plus, arrivent ainsi jusqu'au *plexus rétiforme*, situé sous le cerveau, où, de *vital*, l'*esprit* commence à se faire *animal* [1]. Enfin,

« subtilissimo sanguine componitur..... Generatur ex factâ « in pulmonibus mixtione inspirati aeris cum elaborato « sanguine, quem dexter ventriculus cordis sinistro com- « municat..... Fit autem communicatio hæc, non per « parietem cordis medium, ut vulgò creditur, sed magno « artificio à dextro cordis ventriculo, longo per pulmones « ductu, agitatur sanguis subtilis..... »

[1] « Ille itaque spiritus vitalis à sinistro cordis ventriculo « in arterias totius corporis deindè transfunditur, ità ut « qui tenuior est superiora petat, ubi magis adhuc elabo- « ratur, præcipuè in plexu retiformi, sub basi cerebri sito, « in quo ex vitali fieri incipit animalis, ad propriam ra- « tionalis animæ sedem accedens. »

par une ultime et définitive élaboration, l'*esprit
animal* passe du *plexus rétiforme* dans les petites
artères des *plexus choroïdes*, et c'est dans ces
petites artères que l'*ame* réside [1].

Je fais grâce, car j'ai hâte d'en finir, d'une
foule d'erreurs anatomiques que Servet joint à
ses raisonnements confus, et qui ne sont, au
reste, que les erreurs anatomiques ou physiologiques du temps où il vivait, comme, par
exemple, que le cerveau, organe sans action
propre, n'est qu'une sorte d'oreiller ou de cous-
sin pour les vaisseaux de l'*esprit animal* [2], que
les nerfs sont la continuation des artères et
constituent un troisième genre de vaisseaux [3],
que les ventricules du cerveau communiquent

---

[1] « Iterum ille (spiritus animalis) fortius mentis igneâ vi
« tenuatur, elaboratur, et perficitur, in tenuissimis vasis,
« seu capillaribus arteriis, quæ in plexibus choroidibus
« sitæ sunt, et ipsissimam mentem continent. »

[2] « Ex his satis constat, mollem illam cerebri massam
« non propriè esse rationalis animæ sedem, cum frigida
« sit et sensus expers, sed esse veluti pulvinum dictorum
« vasorum ne rumpantur, et custodem animalis spi-
« ritus..... »

[3] « Vasa illa miraculo magno tenuissimè contexta, tametsi
« arteriæ dicantur, sunt tamen fines arteriarum, tenden-
« tes ad originem nervorum, ministerio meningum. Est
« novum quoddam genus vasorum..... »

avec les fosses nasales par les trous de l'os ethmoïde, prétendue communication dans laquelle Servet voit un grand avantage : car, d'abord, l'air extérieur pénètre ainsi jusqu'à l'âme et la rafraîchit[1], et, en second lieu, l'âme se débarrasse aisément par là des mucosités qui l'auraient gênée[2], et aussi un très-grand péril, car le malin esprit, *spiritus nequam*, dont la nature tient de celle de l'air, s'introduit quelquefois, par cette même communication, par ces mêmes trous de l'os ethmoïde, jusque dans les ventricules du cerveau, et là combat incessamment contre l'âme et la tient assiégée jusqu'à ce que la lumière de Dieu paraisse et le mette en fuite[3], etc., etc.

[1] ..... « Facti sunt ventriculi ut ad spatia eorum inania « penetrans per ossa ethmoïde inspirati aeris portio,... « animalem intus contentum spiritum reficiat, et animam « ventilet. »

[2] ..... « Facti sunt ventriculi illi ad expurgamenta cerebri « recipienda, veluti cloacæ, ut probant excrementa ibi « recepta, et meatus ad palatum et nares.... Et quandò « ventriculi oplentur pituitâ, ut arteriæ ipsæ choroïdis eâ « immergantur, tum subitò generatur apoplexia.. . »

[3] « Spiritus nequam, cujus potestas est aeris, unà cum « inspirato à nobis aere, lacunas illas liberè ingreditur, « ut ubi cum spiritu nostro, intra vasa illa, velut in arce « collocato, jugiter dimicat. Imò cum ita undique obsidet, « ut vix illi liceat respirare, nisi quum superveniens « lux spiritus Dei malum spiritum fugat »

Je laisse Servet ; mais je profite de l'occasion qu'il me donne pour jeter un coup d'œil rapide sur le long règne des *esprits* en physiologie.

Les *esprits* jouaient, dans la vieille physiologie, le même rôle que jouent aujourd'hui, dans la nôtre, les *propriétés* ou les *forces*. De là leur grande importance. Galien expliquait tout par les *esprits* ; et, comme nous l'avons vu, il en voulait de trois espèces : de *naturels*, de *vitaux* et d'*animaux*.

Voilà pour l'antiquité.

A compter de la renaissance des lettres, les trois *esprits* de Galien renaissent aussi et subsistent jusqu'à Descartes. Enfin, Descartes vient : il s'entête des *esprits animaux* et rejette les autres.

J'ai déjà cité cette phrase de Bordeu : « Les « anciens admettaient des esprits de trois « sortes : il n'est pas aisé de savoir par quelle « fatalité les *naturels* et les *vitaux* n'ont pu se « conserver et ont succombé, tandis que les « *animaux* ont subsisté [1]. »

Et j'ai déjà répondu [2] que Bordeu n'y fait pas

---

[1] *Rech. anat. sur la position des glandes et leur action*, § 34.

[2] Ci-devant, p. 105.

attention, que rien n'est plus aisé à savoir. Au temps de Bordeu, les esprits *naturels* et *vitaux* avaient succombé parce que Descartes les avait exclus ; les esprits *animaux* subsistaient parce que Descartes les avait adoptés. Et il en est toujours ainsi. C'est toujours l'écrivain qui fait la fortune des mots.

Descartes, ce puissant rénovateur des idées, mais qui pourtant prend encore beaucoup aux anciens, combine la théorie des *esprits*, qu'il emprunte à Galien, avec la *circulation du sang*, que vient de découvrir Harvey. Il est le premier Français qui ait bien compris et bien décrit ce grand phénomène.

« Tous ceux, dit Descartes, que l'autorité des « anciens n'a pas tout à fait aveuglés, et qui « ont voulu ouvrir les yeux pour examiner l'o-« pinion d'Harvey touchant la circulation du « sang, ne doutent point que toutes les veines « et les artères du corps ne soient comme des « ruisseaux par où le sang coule sans cesse fort « promptement, en prenant son cours de la ca-« vité droite du cœur par la veine artérieuse, « dont les branches sont éparses à tout le pou-« mon et jointes à celles de l'artère veineuse par

« laquelle il passe du poumon dans le côté gau-
« che du cœur ; puis de là, il va dans la grande
« artère dont les branches éparses par tout le
« reste du corps sont jointes aux branches de la
« veine cave qui portent derechef le même sang
« à la même cavité droite du cœur [1]. »

On ne pouvait décrire plus exactement et plus
brièvement le phénomène complet de la *circulation du sang* : la *circulation pulmonaire* et la
circulation générale.

Voici, d'un autre côté, comment Descartes
concevait les *esprits animaux*, et l'idée qu'il se
faisait de leur jeu dans les organes.

« On sait, dit-il, que tous les mouvements des
« muscles, comme aussi tous les sens, dépen-
« dent des nerfs, qui sont comme de petits filets
« ou comme de petits tuyaux qui viennent tous
« du cerveau, et contiennent, ainsi que lui, un
« certain air ou vent très-subtil qu'on nomme
« les *esprits animaux* [2]... » — « Les parties
« du sang très-subtiles composent les esprits
« animaux ; et elles n'ont besoin de recevoir à
« cet effet aucun autre changement dans le cer-

---

[1] *Les Passions de l'âme*, 1re partie. art. 7.
[2] *Ibid.*

« veau, sinon qu'elles y sont séparées des au-
« tres parties du sang moins subtiles ; car ce
« que je nomme ici des esprits ne sont que des
« corps, et ils n'ont point d'autre propriété,
« sinon que ce sont des corps très-petits, et qui
« se meuvent très-vite, ainsi que les parties de
« la flamme qui sort d'un flambeau, en sorte
« qu'ils ne s'arrêtent en aucun lieu, et qu'à
« mesure qu'il en entre quelques-uns dans les
« cavités du cerveau, il en sort aussi quelques
« autres par les pores qui sont en sa substance,
« lesquels pores les conduisent dans les nerfs,
« et de là dans les muscles, au moyen de quoi
« ils meuvent le corps en toutes les diverses fa-
« çons qu'il peut être mû [1]. »

Ce que les *esprits animaux* avaient surtout de
précieux pour Descartes, c'est qu'ils lui per-
mettaient d'expliquer toutes les actions du corps
sans le secours de l'âme : grand et final objet
de sa belle philosophie.

« Tous les mouvements que nous faisons,
« dit-il, sans que notre volonté y contribue,
« comme il arrive souvent que nous marchons,

---

[1] *Les Passions de l'âme*, 1re partie, art. 10.

« que nous mangeons, et enfin que nous fai-
« sons toutes les actions qui nous sont commu-
« nes avec les bêtes, ne dépendent que de la
« conformation de nos membres et du cours
« que les esprits, excités par la chaleur du
« cœur, suivent naturellement dans le cerveau,
« dans les nerfs et dans les muscles, en même
« façon que le mouvement d'une montre est
« produit par la seule force de son ressort et la
« figure de ses roues [1]. »

Descartes se rend ainsi raison, par le seul
cours des esprits, de toutes les fonctions qui
appartiennent au corps; et, cela fait, il arrive
à cette conclusion principale, savoir : « qu'il
« ne reste donc rien en nous que nous de-
« vions attribuer à notre âme, sinon nos pen-
« sées [2]. »

Après le premier Descartes, le philosophe
qui a le plus employé les *esprits* est celui qu'on
pourrait appeler le second Descartes, c'est-à-
dire Malebranche.

Malebranche commence ainsi l'un de ses chapitres : « Tout le monde convient que les es-

[1] *Les Passions de l'âme*, art. 16.
[2] *Ibid.*, art. 17.

« prits animaux ne sont que les parties les plus
« subtiles et les plus agitées du sang, qui se
« subtilise et s'agite principalement par la fer-
« mentation et par le mouvement violent des
« muscles dont le cœur est composé, que ces
« esprits sont conduits avec le reste du sang par
« les artères jusque dans le cerveau [1]..... »

Malebranche conduit intrépidement, comme
on voit, les *esprits animaux* jusqu'au cerveau ;
mais, arrivés là, comment sont-ils séparés de cet
organe ? — Malebranche convient, de bonne
grâce, qu'on n'en sait rien. « Ils en sont sépa-
« rés, dit-il, par quelques parties destinées à
« cet usage, desquelles on ne convient pas
« encore [2]. » Il explique ailleurs la différence
qui lui paraît être entre les *esprits animaux* et
le cerveau : « Il y a, dit-il, cette différence
« entre les esprits animaux et la substance du
« cerveau, que les esprits animaux sont très-
« agités et très-fluides, et que la substance du
« cerveau a quelque solidité et quelque consis-
« tance, de sorte que les esprits se divisent en
« petites parties et se dissipent en peu d'heures,

---

[1] *De la Recherche de la vérité*, 1re partie du liv. II, chap. II.
[2] *Ibid.*

« en transpirant par les pores des vaisseaux
« qui les contiennent, et il en vient souvent
« d'autres en leur place qui ne leur sont point
« du tout semblables [1]. » Et c'est de ce changement des *esprits* que nous viennent tous nos
changements d'*humeurs*, selon les *viandes et les
breuvages dont on se sert* [2], à ce que nous dit
Malebranche.

« Le vin est si spiritueux, dit-il, que ce sont
« des esprits animaux presque tous formés,
« mais des esprits libertins, qui ne se soumettent
« pas volontiers aux ordres de la volonté, à
« cause de leur subtilité et de leur agitation ex-
« cessive. Ainsi, dans les hommes même les
« plus forts et les plus vigoureux, il produit de
« plus grands changements dans l'imagination
« et dans toutes les parties du corps que les
« viandes et les autres breuvages. Il donne du
« *croc en jambe*, pour parler comme Plaute ;
« et il produit dans l'esprit bien des effets qui
« ne sont pas si avantageux que ceux qu'Horace
« décrit dans ces vers :

---

[1] *De la Recherche de la vérité*, 1re partie du liv. II, chap. vi.
[2] Expressions de Malebranche.

« Quid non ebrietas designat [1]? etc. »

Le grand Bossuet, dont on n'ose presque dire qu'il ait pu être l'élève de quelqu'un en quoi que ce soit, l'a pourtant été de Descartes en philosophie : « ..... Les esprits, dit-il, coulés « dans les muscles par les nerfs répandus dans « les membres, font le mouvement progres- « sif [2]... » — « Les esprits, dit-il encore, sont « la partie la plus vive et la plus agitée du sang, « et mettent en action toutes les parties [3]. » — « Dès que les esprits manquent, les ressorts « cessent faute de moteur [4]... » — « Les pas- « sions, dit-il enfin, à les regarder seulement « dans le corps, semblent n'être autre chose « qu'une agitation extraordinaire des esprits, à « l'occasion de certains objets qu'il faut fuir ou « poursuivre [5], etc., etc. »

Malebranche mourut en 1715 ; Fontenelle en 1757 ; et, avec celui-ci, le dernier repré- sentant supérieur du cartésianisme. Avec le

---

[1] *De la Recherche de la vérité*, 1re partie du liv. II, chap. II.
[2] *De la Connaissance de Dieu et de soi-même*, chap. II, § 6.
[3] *Ibid.*, § 9.
[4] *Ibid.*, § 12.
[5] *Ibid.*

cartésianisme tombèrent les *esprits animaux*.

En 1742, un jeune homme plein d'esprit, plein de feu, plein de verve, et ayant toute l'audace de la jeunesse, soutint, à l'école de Montpellier, une thèse où il prend les *esprits* à partie, où il les combat rudement, à outrance, et, qui pis est, car il faut tout dire, où il s'en moque.

« Un homme sans préjugé, dit-il, et qui se don-
« nerait la peine d'examiner les choses de bien
« près, ne pourrait-il pas prouver que ces trois
« sortes d'esprits, qui furent comme le *trépied*,
« ou si l'on veut, le *triumvirat* de l'ancienne
« physiologie, étaient aussi mal établies l'une que
« l'autre..... Quant à la façon dont les moder-
« nes soutiennent les esprits, il y a d'abord lieu
« d'être frappé du nombre prodigieux de formes
« qu'ils leur donnent : les uns disent qu'ils sont
« de l'*air*, d'autres du *feu*, de l'*eau*, de la *lym-*
« *phe ;* on les a faits *acides, sulfureux, actifs,*
« *passifs ;* on en a fait de deux ou trois espèces
« qui roulaient dans les mêmes nerfs ; enfin on
« leur a donné toutes sortes de configurations,
« jusqu'à en faire de petits *tourbillons*, ou de
« *petits ballons à ressort*, selon l'expression de
« M. Lieutaud, qui est aussi persuadé de l'exis-

« tence de ces *ballons* qu'il l'est de la structure
« qu'il suppose au cerveau..... Ajoutons, con-
« tinue-t-il et toujours très-finement et très-
« judicieusement, ajoutons que ceux qui admet-
« tent les esprits sont aussi embarrassés pour
« expliquer les fonctions des nerfs que ceux qui
« ne les admettent pas... En est-on plus avancé
« lorsqu'on a suivi les détails infinis de Boër-
« haave et de ses commentateurs sur cette
« question ? Ne vaut-il pas mieux l'abandonner
« pour une bonne fois, et la mettre au rang de
« ces questions ennuyeuses par lesquelles les
« anciens commençaient leurs physiologies ? Ne
« profiterons-nous jamais des bévues de ceux
« qui nous ont précédés ! »

Voilà comment le jeune Bordeu, à peine âgé de
vingt ans[1], traitait les *esprits*, et tel est le sort des
plus belles fortunes philosophiques. Ces mêmes
esprits, si fort révérés de l'antiquité entière, et,

---

[1] Il n'avait en effet que vingt ans, étant né en 1722,
quand il présenta, en 1742, sa thèse : *Dissertatio physio-
logica de sensu generice considerato* ; mais il en avait trente,
quand il publia, en 1752, ses *Recherches anatomiques sur
la position des glandes et sur leur action* ; ouvrage beaucoup plus mûri, excellent, où il reproduit sa critique des
esprits, et dont j'extrais les passages que je viens de citer.

dans les temps modernes, de Descartes, de Bossuet, de Malebranche, finissent par devenir le
sujet commode des plaisanteries faciles d'un
écolier.

Après Bordeu, vint Barthez. La physiologie
prenait une face toute nouvelle. Barthez, mé-
taphysicien d'un ordre supérieur, est le premier
homme qui, en physiologie, se soit fait une idée
philosophique des forces, j'entends des forces
données par les faits, ou, comme il les appelle
très-bien, des *causes expérimentales*[1] : « On peut
« donner, dit-il, à ces causes générales (aux
« causes générales des phénomènes de la vie),
« que j'appelle expérimentales, ou qui ne sont
« connues que par leurs lois que donne l'expé-
« rience, les noms synonymes et pareillement
« indéterminés, de principe, de puissance, de
« force, de faculté, etc. » — « La bonne mé-
« thode de philosopher dans la science de
« l'homme exige, continue-t-il, qu'on rapporte à
« un seul principe de la vie dans le corps hu-
« main les forces vivantes qui résident dans cha-

[1] *Nouv. élém. de la sc. de l'homme*, Paris, 1806, t. I, *Disc.
prélim.*

« que organe, et qui en produisent les fonctions,
« tant générales, de sensibilité, de nutrition,
« etc., que particulières, de digestion, de mens-
« truation [1], etc. »

Cependant la véritable idée de *cause expé-
rimentale*, de *principe*, de *force* en physiologie,
n'était pas encore complétement dégagée. Barthez avait raison d'appeler *forces* les causes de
nos fonctions ; il avait raison de vouloir ratta-
cher toutes les forces secondaires à une première, qui est la force générale de la vie ; mais
il avait tort de faire de cette force générale et
commune de la vie un être individuel, abstrait,
détaché des organes, et plus tort encore de
croire avoir expliqué un phénomène particulier
quelconque, quand, à propos de ce phénomène,
il avait prononcé le mot de *principe vital*, car,
évidemment, étant nécessairement impliqué
dans tous, le principe vital ne peut servir d'explication propre pour aucun.

Le vrai problème est d'arriver à la force par-
ticulière de chaque phénomène particulier, à la
propriété, à la *faculté singulière* qui le produit.

---

[1] *Nouv. élém. de la sc. de l'homme : Disc. prélim.*

Et c'est là ce que tous les physiologistes cher-
chent à faire depuis Haller.

Depuis que, par ses belles expériences, Haller
a localisé l'*irritabilité* dans le *muscle* et la *sensibilité* dans le *nerf*, la voie des découvertes fé-
condes et des progrès certains, en physiologie,
a été ouverte ; car la physiologie tout entière
est là : je veux dire dans la localisation précise
de chaque force vitale donnée dans chaque élément organique distinct.

Quant au mot *esprits* (car, dès que le véritable
nom des *causes* a été trouvé, il n'a plus été
qu'un mot), exclu de la science par les railleries
de Bordeu, par la haute métaphysique de Barthez, par les recherches positives d'Haller, il
n'y a plus reparu.

Sur la fin du xviiie siècle, en 1779, je le
trouve encore employé, et c'est la dernière fois
peut-être qu'il l'a été, dans une belle page de
Buffon, mais dans un sens très-général, et qui
déjà ne retient presque plus rien du sens pri-
mitif, technique et d'école. Buffon dit, à propos
de l'infatigable mobilité du plus petit des oi-
seaux : « La nourriture la plus substantielle était
« nécessaire pour suffire à la prodigieuse viva-

« cité de l'oiseau-mouche, comparée avec son
« extrême petitesse : il faut bien des molécules
« organiques pour soutenir tant de forces dans
« de si faibles organes, et fournir à la dépense
« d'*esprits* que fait un mouvement perpétuel et
« rapide [1]. »

[1] *Histoire des oiseaux-mouches.*

VI

De Gui-Patin et de la lutte entre l'ancienne et la nouvelle physiologie.

Les *Lettres* de Gui-Patin nous peignent une époque fort curieuse de la Faculté de médecine de Paris et même de la science. Je compte trois grandes époques dans l'histoire de la médecine, à partir de la Renaissance : l'époque arabe, l'époque grecque et latine, et l'époque moderne qui commence avec la découverte de la circulation du sang.

L'époque que Gui-Patin nous retrace est la seconde de ces trois époques, l'époque grecque et latine, l'époque qu'on peut appeler l'*époque érudite* de la médecine française. On a secoué le joug des Arabes; on étudie avec passion Hippocrate, Aristote, Galien, ces maîtres du savoir antique; et l'on repousse tout ce qui est moderne : la circulation du sang, les vaisseaux lymphatiques, la chimie, et le reste.

Gui-Patin est, par excellence, l'homme de

cette époque [1] : il combat les Arabes ; il combat les modernes ; il est fanatique d'Hippocrate et de Galien ; il ne veut ni de la circulation du sang ni de la chimie, qui ne sont en effet ni dans Galien ni dans Hippocrate ; enfin, à ses préventions médicales il en joint d'autres : il hait l'*antimoine* parce qu'il nous vient des chimistes, et le *quinquina* parce qu'il nous vient des Jésuites.

Le beau côté de l'époque que j'examine, de l'époque de Gui-Patin, de Riolan, de Baillou, de Fernel, a été la simplification de la médecine, et particulièrement de la thérapeutique. La thérapeutique des Arabes était un chaos. Les Grecs avaient connu trop peu de remèdes ; les Arabes multiplièrent les drogues. Il y a de tout dans leur thérapeutique : l'alchimie, l'astrologie, les *qualités occultes* y dominent. Il fallut une certaine force d'esprit pour débarrasser la science de ce faux entourage. Fernel,

---

[1] Quoique venu un peu tard. La découverte de la circulation du sang est de 1619 à 1628, comme nous l'avons vu, p. 70, et les premières *Lettres* de Gui-Patin sont de 1630. Il appartient par son âge à la troisième époque, et par ses doctrines à la seconde.

le premier médecin de son temps, croyait encore à l'astrologie [1]. Il faut tenir grand compte, dit-il, de l'observation astrologique : *Astrologica etiam observatio ut non parum efficax tenenda* [2]. On lit, dans Gui de Chauliac, que l'image du lion, *imprimée en or*, guérit les douleurs des reins [3].

Gui-Patin admire Fernel ; il l'appelle, et avec raison, un *grand homme* : « Je l'estime, dit-il, le plus savant et le plus poli des modernes [4] ; » mais il le laisse croire tout seul à l'astrologie et aux *qualités occultes*.

« Je ne crois point, dit-il, aux qualités oc-
« cultes en médecine.... quoi qu'en aient dit
« Fernel et d'autres, de qui toutes les paroles ne
« sont point mot d'Évangile... En fait de méde-

---

[1] Il commença du moins par y croire ; il regretta plus tard le temps qu'il y avait mis. Voyez sa vie par Plancy : *Joannis Fernelii, Ambiani, Galliarum archiatri*, UNIVERSA MEDICINA, *etc.* Genevæ, 1680.

[2] *Ibid. De venæ sectione*, lib. II, cap. XIV, p. 202.

[3] Astruc : *Mémoires pour servir à l'histoire de la Faculté de médecine de Montpellier*, Paris, 1767, p. 191.

[4] *Lettres de Gui-Patin*, nouvelle édition augmentée de lettres inédites, précédées d'une Notice biographique, accompagnée de remarques scientifiques, historiques et littéraires, par Reveillé-Parise, Paris, 1846, t. I, p. 10.

« cine, je ne crois que ce que je vois... Fernel
« était un grand homme,.... mais, comme il n'a
« pas tout dit, aussi n'a-t-il pas toujours dit vrai
« en ce qu'il a écrit ; et si le bonhomme, qui est
« mort trop tôt à notre grand détriment, eût vécu
« davantage, il eût bien changé des choses à ses
« œuvres, et principalement en ce point-là [1]. »

Il dit ailleurs, à propos de Jacques Charpen-
tier et de son *Commentaire* sur *Alcinous* : « Il y
« suit particulièrement la piste et les opinions de
« Fernel, qui, en ce cas-là, a été grand platoni-
« cien, et qui a bien plus fort cru que moi en la
« démonomanie [2]. »

On ne saurait guère, en effet, reprocher à
Gui-Patin d'avoir été trop crédule. Je ne parle
ici, bien entendu, que des choses de médecine,
et je trouve que ce mot de Bayle le peint fort
bien, savoir, que « son symbole n'était pas
chargé de beaucoup d'articles [3]. »

Ce *symbole* était chargé de si peu d'articles,
qu'il n'y en avait que deux : *saigner* et *purger*.
Tout le reste, l'*antimoine*, l'*opium*, le *thé*, le

[1] *Lettres de Gui-Patin*, t. I, p. 9.
[2] T. I, p. 306.
[3] *Dict. hist. et critiq*, art. *Gui-Patin*

quinquina, etc. , était rejeté : l'*opium* comme
poison [1], le *thé* comme « impertinente nou-
veauté du siècle[2] , » l'*antimoine* comme proscrit par la Faculté [3], et le *quinquina*, ce qui est
bien pis, comme *poudre des jésuites* [4].

Entre tous les remèdes nouveaux, Gui-Patin
ne fait grâce qu'au *séné* ; mais, en revanche, il
lui fait une grâce entière. « Le séné fait plus de
« miracles, dit-il, que tout le reste des drogues
« qui nous viennent des Indes [5]. » Il ajoute au
séné, la casse et le sirop de roses pâles ; et
voilà toute sa pharmacie. « Tant que nous au-
« rons du séné, de la casse, du sirop de roses
« pâles, nous pourrons toujours continuer à dé-
« livrer Paris de la tyrannie des apothicaires [6]. »

Cet homme d'un esprit si vif, si pénétrant, si
prompt, mais en même temps si partial, si
arrêté, si entier, s'était imposé la tâche de simplifier la médecine, de la rendre *facile et fami-*

---

[1] *Lettres*, t I, p. 424.
[2] *Ibid.*, p. 383.
[3] *Ibid.*, p. 191.
[4] T. II, p. 107.
[5] *Ibid.*, p. 358.
[6] T. III, p. 203.

lière [1], je me sers de ses expressions. Or, il la voyait partout en proie aux pratiques *superstitieuses* [2] des Arabes, à l'avidité des apothicaires, aux témérités aveugles des médecins-chimistes de son temps; il assistait aux expériences de *Guenaut et de l'antimoine*, expériences qui furent souvent funestes, si l'on en croit Gui-Patin, et même le poëte, c'est-à-dire tout le monde.

Selon Gui-Patin, « l'antimoine seul a tué « plus de gens que n'a fait le roi de Suède en « Allemagne [3]; » et l'on sait ce que dit le poëte :

On compterait plutôt combien dans un printemps
Guenaut et l'antimoine ont fait mourir de gens [4]...

Faut-il s'étonner, après cela, de la guerre que Gui-Patin fait aux *Arabes*, à l'*antimoine*, aux *apothicaires*, aux *apothicaires* surtout, à qui sa bile ne pardonne rien : ni leur *arabisme*, ni leur *chimie*, ni leurs *drogues*, ni leurs *parties*?

---

[1] *Lettres*, t. I, p. 453. « Je rends la pharmacie la plus « populaire qu'il m'est possible. » (T. I, p. 23.)
[2] « Ce sont les Arabes qui ont fourré dans la médecine « ces scrupuleuses et superstitieuses observations... » (T. II, p. 68.)
[3] T. II, p. 563.
[4] Boileau : *Satire* IV.

« Il m'a aussi parlé de M. Moze, l'apothi-
« caire, qui me prise fort, à ce qu'il dit, sur quoi
« je lui ai répondu que je m'en étonnais, vu que
« je n'avais jamais rien fait pour me faire estimer
« de ces MM. les pharmaciens, que je n'avais ja-
« mais ordonné de *bézoard*, d'*eaux cordiales*, de
« *thériaque* ni de *mithridate*, de *confection d'hya-*
« *cinthe* ni d'*alkermès*, de *poudre de vipère* ni de
« *vin émétique*, de *perles* ni de *pierres précieuses*,
« et autres telles bagatelles arabesques, que j'ai-
« mais les petits remèdes qui n'étaient ni rares
« ni chers, et que je faisais la médecine le plus
« simplement qu'il m'était possible [1]. »

« Pour mes chers ennemis les apothicaires,
« dit-il encore, ils se sont plaints de ma dernière
« thèse à notre Faculté, laquelle s'est moquée
« d'eux... Je parlai contre leur *bézoard*, leur
« *confection d'alkermès*, leur *thériaque* et leurs
« *parties* [2]. » — « Je laisse la pluralité des re-
« mèdes à ceux qui font la médecine pour le faste
« et pour la pompe, et qui s'entendent avec les
« apothicaires [3]. »

---

[1] *Lettres de Gui-Patin*, t. III, p. 559.
[2] T. II, p. 503.
[3] Tome III, p. 541. « Les apothicaires enragent... contre

Ainsi donc, et jusque dans ses plaisanteries les plus vives sur *ses chers ennemis les apothicaires*, Gui-Patin n'oublie jamais la vue qui le guide, la vue philosophique et supérieure de la simplification de la médecine. « Pour moi, je « suis de l'avis de MM. les Piètres qui ne veulent, « *ad bene medendum, quam pauca, sed selecta et* « *bene probata remedia*[1]. » — « Le grand chan- « celier d'Angleterre, François Bacon de Véru- « lam, a dit fort à propos que *multitudo reme-* « *diorum est filia ignorantiæ*[2]. »

Mais, à force de se pénétrer de cette vue, il l'exagère ; il réduit tout, comme je le disais tout à l'heure, à *saigner et purger* ; et, par une sorte de compensation, il n'exagère pas moins,

« les médecins qui, pour empêcher leur tyrannie, ordon- « nent en français et font faire les remèdes à la maison : la « casse, le séné, le sirop de fleurs de pêcher, de roses pâles « et de chicorée, composé avec rhubarbe, suffisent presque « à tout. Je n'ai jamais vu de maladie guérissable qui ne « pût guérir sans antimoine, quoique je me serve aussi, « pour les plus sots,... de nos confections scammonées, « comme du *diaphénic, diaprun solutif, diacarthame, dip-* « *silium* ;... mais il faut regarder de près, et ne pas pren- « dre martre pour renard. » (*Lettres*, t. III, p. 601.)

[1] T. I, p. 23.
[2] T. III, p. 189.

d'un autre côté, l'emploi des purgations et de la saignée.

Commençons par la saignée. Il fait saigner à tout âge : les enfants, les vieillards[1] ; il fait saigner *trente-deux fois* pour une maladie[2] ; il se fait saigner lui-même jusqu'à *sept fois* pour un rhume[3] ; il fait saigner sa belle-mère, qui a quatre-vingts ans, jusqu'à *quatre fois*[4] ; il fait saigner un enfant de *trois jours*[5] ; il fait saigner sa propre femme huit fois des veines du bras, il la fait saigner ensuite des veines du pied ; elle en réchappe, et il s'écrie : « Vive la « bonne méthode de Galien et le beau vers de « Joachim de Bellay :

« O bonne, ô saincte, ô divine saignée[6] ! »

Venons aux purgations. « C'est, d'abord, un malade qui est purgé *trente-deux fois* de deux

---

[1] « Nous guérissons nos malades après quatre-vingts ans « par la saignée, et saignons aussi fort heureusement les « enfants de deux et trois mois... » (*Lettres de Gui-Patin*, t. II, p. 419.)

[2] T. I, p. 63.

[3] *Ibid.*, p. 375.

[4] *Ibid.*, p. 398.

[5] T. III, p. 418.

[6] *Ibid.*, p. 416.

jours l'un [1] ; » puis, c'en est un autre « qui a
été saigné, en tout, vingt-deux fois, et purgé
quarante [2] ; » puis, c'est la doctrine d'Hippocrate et de Galien, « on peut purger tous les
jours, *quotidiè licet purgare* [3], » à condition,
pourtant, qu'on purge avec le séné : le *séné* et
la saignée sont toute la médecine.

« Nous guérissons beaucoup plus de malades,
« dit Gui-Patin, avec une bonne *lancette* et une
« livre de *séné*, que ne pourraient faire les Ara-
« bes avec tous leurs sirops et leurs opiats [4] ; »
et ses malades (car, à coup sûr, ils ne guéris-
sent pas tous) meurent comme ceux du médecin
de Boileau :

L'un meurt vide de sang, l'autre, plein de séné [5].

Gui-Patin part de l'excellent principe qu'il
faut simplifier la médecine, et il finit par la ré-
duire à la *saignée* et au *séné*. Un médecin de
nos jours, esprit tout aussi résolu, tout aussi
hardi à sa manière que Gui-Patin, l'avait ré-

[1] *Lettres*, t. 1, p. 372.
[2] T. III, p. 374.
[3] T. II, p. 557.
[4] T. I, p. 400.
[5] *Art poétique*, chant IV.

duite aux *sangsues* et à l'*eau gommée*. En tout
genre, il y a quelque chose de pire que le mal
même, et c'est l'exagération de la réforme.

Cependant il ne faut pas croire que Gui-Patin
soit toujours aussi outré qu'il l'est ici. Personne
n'est de meilleur sens, j'entends d'un sens plus
éclairé, plus équitable, quand il le veut bien. On
n'a jamais porté sur les deux médecines com-
parées des Arabes et des Grecs un jugement plus
sage, plus net, plus complet que celui qui suit.

« Pour les Arabes, je vous en dirai mon sen-
« timent. Pour la doctrine, tout ce qu'ils ont de
« bon, ils l'ont pris des Grecs ; pour leurs remè-
« des, ils ont vécu en un temps qu'il y en avait de
« meilleurs que du temps d'Hippocrate ; mais ils
« en ont bien abusé, et ont introduit cette misé-
« rable pharmacie arabesque, et cette forfanterie
« de remèdes chauds, inutiles et superflus... Le
« grand abus de la médecine vient de la pluralité
« des remèdes inutiles, et de ce que la saignée a
« été trop négligée. Les Arabes sont cause de l'un
« et de l'autre. Mesuë a trop de crédit au monde...
« Mais nous aurions grand tort d'abandonner et
« de quitter les bons remèdes qui sont en usage
« dès le temps des Arabes, pour aller recourir à

« ceux du temps d'Hippocrate, qui sont moins
« bons..... C'est la doctrine des indications qui
« fait paraître un médecin vraiment ce qu'il est.
« Et c'est ce dont nous avons l'obligation entière
« aux Grecs [1]..... »

Malgré son admiration pour Hippocrate, il
convient qu'il y a tel passage de ce grand homme,
qui, mal entendu, « a coupé la gorge et coûté
la vie à plus de cinquante mille personnes [2]. »
Il dit très-finement ailleurs : « C'est un bel apho-
« risme, mais il n'en faut point abuser ; nos ma-
« lades n'ont que faire de nos disputes scolas-
« tiques [3]. »

Enfin, il n'est pas jusqu'à l'*antimoine* qui
n'obtienne de lui, dans un moment plus calme,
des paroles plus circonspectes.

« Si quelqu'un peut se servir de ce remède,
« qui est de sa nature pernicieux et très-dange-
« reux, ce doit être un bon médecin dogmati-
« que, fort judicieux et expérimenté, et qui ne
« soit ni ignorant ni étourdi : ce n'est pas une
« drogue propre à des coureurs [4]. »

[1] *Lettres de Gui-Patin*, t. I, p. 399.
[2] T. III, p. 546.
[3] T. II, p. 557.
[4] T. I, p. 356.

Rien n'est plus sensé. Les remèdes nouveaux, quand ils sont énergiques, demandent *un médecin judicieux et expérimenté*. Il faut donc les étudier, les surveiller, les suivre, et non les rejeter, les proscrire, les condamner par *décrets de la Faculté* [1]. Où en serions-nous, si nos pères eussent cru Gui-Patin et sa Faculté ? Nous n'aurions ni l'antimoine, ni l'opium, ni le quinquina, etc. ; nous n'aurions ni la circulation du sang, ni les vaisseaux lymphatiques, ni le réservoir du chyle, etc. ; nous n'aurions ni la chimie, ni la physiologie, ces deux sciences qui nous ont donné la médecine moderne. Comment, à côté d'un Anglais, du grand Harvey, qui découvre la circulation du sang et qui la démontre, et du plus grand des Français, de Descartes, qui la proclame [2], le professeur, le doyen de la Faculté de médecine de Paris, le professeur du Collège de France, car Gui-Patin était tout cela, peut-il écrire ces mots ?

« Si M. Duryer ne savait que mentir et la cir-

---

[1] Il y eut deux décrets de la Faculté contre l'antimoine. Voyez les *Lettres de Gui-Patin*, t. I, p. 190.

[2] *Discours de la méthode* et les *Passions de l'âme*. Voyez, ci-devant, p. 147 et 148.

« culation du sang, il ne savait que deux choses,
« dont je hais fort la première, et ne me soucie
« guère de la seconde… S'il revient, je le mè-
« nerai par d'autres chemins plus importants
« en la bonne médecine que la prétendue circu-
« lation [1]. »

Pecquet est à Paris, à côté de Gui-Patin ;
peut-être prescrit-il l'antimoine ; mais enfin, il
découvre le *réservoir du chyle*, dernier fait qui
complète la théorie nouvelle de la circulation du
sang, et Gui-Patin se borne à dire : « Tout le
fait de Pecquet est une nouveauté que je suis
tout prêt de croire lorsqu'elle aura été bien
prouvée, et qu'elle apportera de la commodité et
de l'utilité *in morborum curatione ; quo excepto*,
je n'en ai que faire [2]. »

J'ai hâte de laisser le Gui-Patin de ce langage
puéril et de ces préventions coupables ; je re-

[1] *Lettres*, t. I, p. 513. La *prétendue circulation !* Molière
n'eût pas mieux trouvé. — « Mais sur toute chose, ce qui
« me plaît en lui, et en quoi il suit mon exemple, c'est qu'il
« s'attache aveuglément aux opinions de nos anciens, et
« que jamais il n'a voulu comprendre ni écouter les rai-
« sons et les expériences des *prétendues découvertes* de no-
« tre siècle touchant la circulation du sang, et autres opi-
« nions de même farine. » (Molière. *Le Malade imaginaire.*)

[2] *Lettres*, t. II, p. 152.

viens à ce qui l'a fait supérieur et illustre. Gui-
Patin est essentiellement un esprit savant et let-
tré ; il est plein d'une érudition grecque et latine ;
il est homme de belles-lettres ; il dit lui-même
que « l'érudition et le bon sens sont tout[1]. »

« Je n'aime, dit-il, que Galien et Hippocrate ;
« je fais état de Fernel, Duret, Hollier, Heurnius ;
« notre bon ami Gaspard Hofmann ne me déplaît
« point *propter suam breviloquentiam* et pour sa
« critique ; *cæteris lubens abstineo.* J'emploie
« mieux ailleurs ce que j'ai de temps de reste ;
« la plupart des autres modernes n'ont que des
« redites [2]. »

Il emploie mieux *ailleurs* le temps qu'il a de
reste; et l'on devine aisément quel est cet *ailleurs*.

« Je ne fais guère de débauche que dans mon
« étude avec mes livres… Feu M. Piètre, qui a
« été un homme incomparable, tant en bonté
« qu'en science, disait qu'il faisait la débauche
« lorsqu'il lisait Cicéron et Sénèque, mais qu'il
« se réduisait aisément à son devoir, avec Galien
« et Fernel [3]. »

[1] *Lettres de Gui-Patin*, t. II, p. 70.
[2] T. II, p. 410.
[3] T. III, p. 233.

Ce trait est charmant.

Il a cette âme élevée où réside si bien la passion des lettres. Il a quelque envie d'aller en Allemagne *vers* [1] son ami G. Hofmann : il passera à Bâle « pour y voir le tombeau du grand Érasme [2]. » Il visite les tombeaux des rois à Saint-Denis : « Quelques larmes m'échappèrent « au monument du grand et bon roi Fran- « çois Ier, qui a fondé notre Collége des profes- « seurs du roi. Il faut que je vous avoue ma fai- « blesse, je le baisai même et son beau-père « Louis XII qui a été le père du peuple et le meil- « leur des rois que nous ayons jamais eus en « France [3]. » Il mène ses deux fils au tombeau de Fernel. « Il y a, ce 16 avril, aujourd'hui, « cent et deux ans que J. Fernel mourut, belle « âme et bien illustre, dont la mémoire durera « autant que le monde, *aut saltem quamdiu honos* « *habebitur bonis litteris*; il est enterré dans Saint- « Jacques-de-la-Boucherie, ici près. J'y mène « souvent mes deux fils, les exhortant de devenir

[1] Expression de Gui-Patin : « Pour mon voyage vers « M. Hofmann... » (*Lettres*, t. I, p. 381.)

[2] T. I, p. 381.

[3] T. III, p. 225.

« comme lui [1]. » Il met si haut Fernel, et l'illus-
tration que donnent les travaux de l'esprit, qu'il
aimerait mieux *être descendu de Fernel* que
d'*être roi*. « Je suis tout ravi que vous aimiez
« tant notre Fernel : cet homme est un de mes
« saints avec Galien et feu M. Piètre... Je tien-
« drais à plus grande gloire d'être descendu de
« Fernel que d'être roi d'Écosse ou parent de
« l'empereur de Constantinople. Fernel a été
« bon, sage et savant [2]...... »

Il a le don de conter et d'écrire : « Hier à deux
« heures, dans le bois de Vincennes, quatre de ses
« médecins (de Mazarin), savoir : Guenaut, Va-
« lot, Brayer et Bèda des Fougerais, alterquaient
« ensemble et ne s'accordaient pas de l'espèce de
« la maladie dont le malade mourait : Brayer dit
« que la rate est gâtée, Guenaut dit que c'est le
« foie, Valot dit que c'est le poumon et qu'il y a
« de l'eau dans la poitrine, des Fougerais dit
« que c'est un abcès du mésentère et qu'il a
« vidé du pus, qu'il en a vu dans les selles, et
« en ce cas-là il a vu ce que pas un des au-

[1] *Lettres de Gui-Patin*, t. III, p. 199.
[2] T. III, p. 59.

« tres n'a vu. Ne voilà pas d'habiles gens[1]! »

Molière n'aurait pas dédaigné ce comique[2], ni Saint-Simon, l'éloquent Saint-Simon, la belle page que voici, et plus d'une autre : « Nous vivons à Paris comme Juvénal a dit de « Rome : *hic vivimus ambitiosâ pauperpate*, etc. « Je ne vois plus que de la vanité, de la misère et « de l'avarice, de l'imposture et de la fourberie. « Dieu nous a réservés pour un siècle fripon et « dangereux; il y aura bientôt grande consé- « quence à être homme de bien, tant est grande « la corruption de toutes sortes de gens depuis « bientôt quarante ans, par la guerre, par deux « cardinaux, qui ont été deux grands tyrans, et « par le règne des partisans, qui ont tout dé- « robé, et épuisé la France[3]. »

Son esprit a de grandes analogies avec celui de Rabelais, de Bayle et de Voltaire ; il appelle Juvénal *son cher ami*[4]; il peint Tacite « ce

---

[1] *Lettres de Gui-Patin*, t. III, p. 338.
[2] « Les médecins ont raisonné là-dessus comme il faut, « et n'ont pas manqué de dire que cela procédait, qui du « cerveau, qui des entrailles, qui de la rate, qui du foie...» (*Le Médecin malgré lui.*)
[3] *Lettres de Gui-Patin*, t. II, p. 186.
[4] T. II, p. 536.

maître homme [1] » d'une manière bien remarquable : « Corneille Tacite, qui est un bréviaire
« d'État et le premier ou le grand maître des se-
« crets du cabinet, et même que M. de Balzac a
« quelque part appelé l'*ancien original des fines-*
« *ses modernes...* Le cardinal de Richelieu lisait
« et pratiquait fort Tacite ; aussi était-il un ter-
« rible homme. Machiavel est un autre péda-
« gogue de tels ministres d'État, mais il n'est
« qu'un diminutif de Tacite [2]. »

Enfin, il eut de nobles, de vertueux amis.
Cette *société*, qu'il rêvait pour un autre monde,
il se l'était faite dès celui-ci : « Socrate et un
« autre philosophe dans Élien se consolaient, en
« mourant, qu'ils verraient en l'autre monde
« d'honnêtes gens, des philosophes, des poëtes et
« des médecins. Je suis du même sentiment. Si
« j'y puis rencontrer Cicéron, Virgile, Aristote,
« Platon, Juvénal, Horace, Galien, Fernel, Si-
« mon et Nicolas Piètre, MM. R. Moreau et Rio-
« lan, je ne serai point en mauvaise compagnie ;
« il y aura là de quoi me consoler [3]. »

[1] *Lettres de Gui-Patin*, t. II, p. 84.
[2] T. III, p. 255.
[3] *Ibid.*, p. 112.

Ses amis étaient le savant Naudé, Gassendi, Lamoignon, ces hommes qu'il suffit de nommer, et ce même Riolan, et ce même Piètre qu'il espérait retrouver encore. « M. le premier pré-
« sident m'envoie quelquefois quérir pour aller
« souper avec lui ; il me fait grande chère ; mais
« son bon accueil vaut bien mieux que tout le
« reste. Je lui ai promis d'aller souper avec lui tout
« les dimanches de ce carême, et après nous pren-
« drons d'autres mesures, selon la saison. Il y a du
« plaisir avec lui, parce qu'il est le plus savant de
« longue robe qui soit en France. Il est fort sage
« et fort civil, et dit en souriant qu'il ne faut
« point dire de mal des jésuites et des moines ;
« mais pourtant il est ravi quand il m'échappe
« quelque bon mot contre eux [1]. »

Comme tous ces détails sont pleins d'intérêt et bien écrits ! « Je soupai dernièrement chez
« M. le premier président, qui m'envoya inviter
« dès le matin... Il se plaignait à moi que je ne
« l'allais point voir, que j'étais obligé de l'aller
« quelquefois entretenir, et que je devais avoir
« pitié de lui pour la peine qu'il avait dans l'exer-

[1] *Lettres de Gui-Patin*, t. III, p. 124.

« cice de sa charge... Après souper, nous nous en-
« tretînmes auprès du feu. Entre autres discours,
« il me dit que j'étais bien heureux, puisque
« ayant fini la visite de mes malades, je n'avais
« qu'à passer mon temps avec mes livres ; que,
« pour lui, sa charge le tuait, et qu'il se tenait
« bien plus malheureux que M. Patin. En effet,
« les grandes dignités sont des charges, des menot-
« tes et des entraves qui nous ôtent notre liberté
« et nous rendent esclaves de tout le monde. Cette
« charge publique l'oblige de donner audience à
« chacun, lui ôte le moyen et le loisir de se di-
« vertir dans l'étude qu'il aime naturellement, et
« le fait lever tous les jours de palais, à quatre
« heures du matin ; et néanmoins après tout et
« nonobstant toutes ses plaintes, c'est une très-
« belle et très-importante dignité [1]..... »

Quel style fin, délié, riche, expressif, précis,
et qui marque bien toutes les nuances ! Et d'un
autre côté, quel spectacle que celui de ce *premier président*, qui se lève à *quatre heures du
matin*, qui n'a pas le loisir de se *divertir* dans
l'étude, qui *dit qu'il ne faut point dire de mal*

---

[1] *Lettres de Gui-Patin*, t. III, p. 111.

des jésuites, et qui est *ravi* qu'on en dise ! Cela est peint.

Je n'ai rien dit encore du caractère de Gui-Patin, et peut-être n'ai-je plus besoin d'en rien dire. L'amitié d'un grand magistrat, et tel que Lamoignon, répond de ce caractère. On a vu, d'ailleurs, le style de Gui-Patin. Une des qualités les plus fortement marquées de ce style est qu'il sent l'honnête homme.

Je viens de jeter un coup d'œil rapide sur Gui-Patin et sur son époque : cette époque et ce personnage demandent un examen plus approfondi. Cet examen sera l'objet d'un autre chapitre.

VII

De Gui-Patin et de la Faculté de Paris.

Nous n'avons eu, jusqu'ici, que l'histoire *extérieure* de la Faculté de médecine de Paris. Gui-Patin nous en donne l'histoire intime. Il nous découvre les ressorts cachés qui mouvaient ce grand corps. Il en a tous les secrets, et n'en tait aucun. Il nous dit tout, parce qu'il ne sait pas qu'il nous parle; et son histoire est d'autant plus vraie qu'il songe moins à écrire une histoire.

Personne, d'abord, ne nous fait mieux connaître les usages, ou, pour parler comme lui, les *cérémonies* [1] de la Faculté. Commençons par ce qui regarde l'acte le plus important de la Faculté: l'élection du doyen. Gui-Patin fut doyen une fois, et trois fois son nom *resta dans le chapeau*. Voici comment se passaient les choses :

---

[1] « Toutes ces cérémonies sont fort anciennes et sont re-« ligieusement observées par respect pour l'antiquité. » (*Lettres de Gui-Patin*, t. II, p. 566.)

« Toute la Faculté assemblée, dit Gui-Patin,
« le doyen qui est près de sortir de charge, re-
« mercie la compagnie de l'honneur qu'il a eu
« d'être doyen, et la prie qu'on en élise un autre
« à sa place ; les noms de tous les docteurs pré-
« sents, car on ne peut élire aucun absent, en
« autant de billets, sont sur la table ; on met dans
« un chapeau la moitié d'en haut, et c'est ce qu'on
« appelle le grand banc[1]. Nous sommes aujour-
« d'hui cent douze vivants, c'est donc à dire les cin-
« quante-six premiers. Quand ces billets ont été
« bien ballottés et remués dans un chapeau par
« l'ancien de la compagnie[2], qui est aujourd'hui
« M. Riolan, le doyen qui va sortir de charge en
« tire trois l'un après l'autre ; on en fait de même
« tout de suite du petit banc[3] ; on n'en tire que
« deux afin que le nombre soit impair. Voilà cinq
« docteurs qui ne peuvent, ce jour-là, être faits
« doyens ; mais ils sont les électeurs, lesquels,
« après avoir publiquement prêté serment de fidé-

[1] Le banc des anciens.
[2] *L'ancien de la compagnie* ou *l'ancien maître.* « Le plus
« vieux docteur de la compagnie s'appelle le maître et ne
« peut s'appeler doyen ; cela lui est défendu par un arrêté
« de la Cour. » (*Lettres de Gui-Patin,* t. II, p. 566.)
[3] Le banc des jeunes.

« lité, sont enfermés dans la chapelle, où ils
« choisissent, de tous les présents, trois hommes
« qu'ils jugent dignes de cette charge, deux du
« grand banc et un du petit banc ; ces billets sont
« mis dans le chapeau par l'ancien, et le doyen,
« y fourrant sa main bien étendue, en tire un :
« celui qui vient est le doyen [1]. »

Après le doyen, venaient les docteurs-régents.
On les élisait de même. Après les docteurs-régents venaient les docteurs ; et ici les épreuves
étaient fort nombreuses. Il y avait des examens
pour le baccalauréat, pour la licence, pour le
doctorat. Il y avait des thèses de toute espèce :
les *quodlibétaires*, la *cardinale*, etc. On savait
être sévère, du moins au temps dont je parle.

« Samedi, 20 de mars, nous avons reçu, dit
« Gui-Patin, dix bacheliers qui vont commencer
« leur cours de deux ans ; on en a renvoyé deux
« afin qu'ils s'amendent et étudient mieux à l'ave-
« nir.....; outre que si, dans cet espace de temps,
« ils manquaient à leur devoir, on les chasserait
« de nos écoles comme inhabiles et indignes de
« nos priviléges [2]. »

[1] *Lettres*, t. II, p. 565.
[2] T. III, p. 182.

Je remarque les deux ans de *disputes perpé-
tuelles* : nos deux années de clinique sont, assurément, beaucoup mieux entendues, et pourtant
il ne faut rien outrer ; ces *perpétuels disputeurs*
devenaient souvent des hommes d'une science
admirable. « Lorsque, dit Riolan, le roi Henri le
« Grand voulut faire vérifier les faussetés qui
« étaient dans les livres du sieur du Plessis-Mor-
« nay, sur le fait de la religion, que l'évêque d'É-
« vreux, depuis cardinal du Perron, promettait de
« montrer et vérifier, comme il fit, de notre école
« fut choisi un savant médecin, nommé Martin,
« pour l'opposer à Casaubon, qu'on tenait le plus
« savant homme du siècle, après Joseph Scaliger
« qui vivait en Hollande [1]. » C'est par leur
science, c'est par l'érudition, par les lettres,
que les Fernel, les Hollier, les Duret, les deux
Riolan, père et fils, etc., ont élevé, ennobli, *éman-
cipé*, si je puis ainsi dire, la médecine. Ce fut
leur gloire, qui sera éternelle. La médecine
n'oubliera jamais qu'elle leur doit son lustre.

Je reviens à la Faculté. On voit assez quelle
était sa constitution intime. Ce corps se gouver-

[1] *Curieuses recherches sur les écoles en médecine de Paris
et de Montpellier*, etc.: Paris, 1651, p. 34.

16.

naît, se recrutait lui-même : il s'était fait lui-
même. « Notre école, dit Riolan, n'a eu pour
« fondateurs ni les rois de France, ni la ville de
« Paris, desquels elle n'a jamais reçu aucune gra-
« tification en argent.... Elle a été fondée et en-
« tretenue aux dépens des médecins particuliers
« qui ont contribué pour la bâtir, la doter[1], » etc.

Le Corps médical de Paris, pris en soi, était
une petite république, une vraie république, qui
avait pour citoyens les docteurs, pour sénat la
Faculté, pour chef le doyen. Ce chef n'était élu
que pour deux ans; mais, durant ces deux ans,
il avait une autorité très-réelle. « Il est, dit Gui-
« Patin, le maître des bacheliers qui sont sur les
« bancs; il fait aller la discipline de l'école; il
« garde nos registres, qui sont de plus de cinq
« cents ans; il a les deux sceaux de la Faculté; il
« reçoit notre revenu, et nous en rend compte; il
« signe et approuve toutes les thèses; il fait pré-
« sider les docteurs à leur rang; il fait assembler
« la Faculté quand il veut; et, sans son consente-
« ment, elle ne peut s'assembler que par un arrêt
« de la Cour qu'il faudrait obtenir; il examine avec

---

[1] *Curieuses recherches*, etc., p. 29.

« les quatre examinateurs à l'examen rigoureux
« qui dure une semaine; il est un des trois doyens
« qui gouvernent l'Université avec M. le recteur,
« et est un de ceux qui l'élisent; il a double re-
« venu de tout, et cela va quelquefois bien loin ;
« il a une grande charge, beaucoup d'honneur,
« et un grand tracas d'affaires ; il sollicite les
« procès de la Faculté , et parle même dans la
« grand'chambre devant l'avocat général [1].... »

Notre petite république avait tout le bon et
tout le mauvais des grandes. On y était passionné pour la gloire du Corps, et c'était le
bon ; mais il s'y formait, à tout moment, des
partis, des divisions, des brigues, et c'était le
mauvais. Souvent un parti condamnait l'autre ;
au besoin même, il l'aurait *chassé.* En 1651,
Guenaut, Beda, Cornuti, qui *se laissaient em-*
porter à l'antimoine [2], furent condamnés par la
Faculté : « cela les a fait rentrer dans leur de-
« voir, dit Gui-Patin, et si par ci-après ils man-
« quent, nous ne leur manquerons point ; on leur
« appliquera la loi et l'efficace du décret si vive-

---

[1] *Lettres de Gui-Patin,* t. II, p. 565.
[2] *Expressions de Gui-Patin,* t. II, p. 587.

« ment, qu'ils en demeureront chassés [1]. » Souvent un parti défaisait ce qu'avait fait l'autre.
En 1566, un parti condamna l'antimoine par un
décret [2]; et en 1666, justement un siècle plus
tard, un autre parti réhabilita l'antimoine par
un décret inverse.

Quand on voit la Faculté se fonder elle-
même, s'entretenir, se doter, devoir tout à ses
membres et rien à l'État, on comprend bien
cette *indépendance*, qui lui fut propre, dont elle
fut si jalouse, et que l'État respecta toujours.
Nos rois traitaient avec la Faculté. Louis XI veut
faire copier un manuscrit de *Rhasis*, que possède
la Faculté ; la Faculté ne prête le manuscrit au
roi, que quand le roi a fourni caution [3]. Richelieu veut faire recevoir docteur les fils du *gaze-
tier* Renaudot, l'homme que la Faculté a le plus
haï ; il le veut, la Faculté résiste, et Richelieu
cède. « Tous les hommes particuliers meurent,
« dit fièrement Gui-Patin, mais les compagnies
« ne meurent point. Le plus puissant homme qui
« ait été depuis cent ans en Europe, sans avoir la

---

[1] *Lettres de Gui-Patin*, t. II, p. 587.
[2] Il y eut un autre décret contre l'antimoine, en 1615.
[3] T. I, p. 37. Note de M. Reveillé-Parise.

« tête couronnée, a été le cardinal de Richelieu.
« Il a fait trembler toute la terre ; il a fait peur à
« Rome ; il a rudement traité et secoué le roi
« d'Espagne, et néanmoins il n'a pu faire rece-
« voir dans notre compagnie les deux fils du ga-
« zetier qui étaient licenciés, et qui ne seront de
« longtemps docteurs [1]. »

Enfin, la Faculté périt comme périssent tous
les corps et toutes les républiques, par l'exagération même de son principe. Le grand but de la
Faculté avait été de nous restituer la médecine
grecque et *latine*. Ce but atteint, elle s'y arrêta
obstinément et fatalement. Elle ne marcha plus ;
mais tout marcha autour d'elle. On découvrit la
chimie, l'anatomie, la physiologie modernes. La
Faculté proscrivit ces sciences.

Quand le gouvernement voulut sérieusement
les faire enseigner, il fut contraint de les faire
enseigner ailleurs. On créa ou l'on restaura le
Jardin du roi. La Faculté proscrivait la chimie,
et, *ce*, disait-elle, *pour bonnes causes et considérations* [2] ; le Jardin la fit enseigner dans une

[1] *Lettres*, t. I, p. 347.
[2] Expressions de la Faculté dans ses *Remontrances* sur la
création du Jardin du roi. Voyez les *Notices historiques sur*

chaire expresse. Riolan [1], le premier anatomiste de la Faculté, repoussait la circulation du sang, les vaisseaux lymphatiques, le réservoir du chyle, etc.; le Jardin les fit enseigner par Dionis. Dionis nous l'apprend lui-même. « C'est là, dit-il, « dans son *Epître au roi* (Louis XIV), que la cir- « culation du sang et les nouvelles découvertes « nous ont heureusement désabusés de ces er- « reurs, dont nous n'osions presque sortir, et où « l'autorité des anciens nous avait si longtemps « retenus [2]. »

le Muséum d'histoire naturelle par Laurent de Jussieu : *An- nales du Muséum d'hist. nat.*, t. I, p. 12.

[1] Chose curieuse, ce même Riolan, qui repoussait de la Faculté l'anatomie nouvelle, et qui l'aurait repoussée du Jardin, avait été un des premiers à sentir le besoin de ce Jardin. C'est un honneur qu'il ne faut pas oublier de rap- porter à cet homme, si recommandable d'ailleurs à tant de titres. « Vous pouvez pareillement avertir le roi, dit-il dans « l'épître dédicatoire de sa *Gigantologie*, adressée au duc « de Luynes, vous pouvez avertir le roi, qui ne désire que la « santé et conservation de ses sujets, de la nécessité d'un « Jardin royal en l'Université de Paris, à l'exemple de « celui que Henri le Grand a fait dresser à Montpellier, le- « quel si nous obtenons du roi par votre faveur, vous obli- « gerez toute la France qui se ressentira d'un si grand bien « que vous aurez procuré pour tous ceux qui pratiquent la « médecine... » (P. 8.)

[2] *L'anatomie de l'homme suivant la circulation du sang et les nouvelles découvertes, démontrée au Jardin du roi,*

Dionis nous apprend ensuite que « cet établis-
« sement, quoique des plus utiles pour le public,
« ne laissa pas de trouver des oppositions qui
« furent formées de la part de ceux qui préten-
« daient qu'il n'appartenait qu'à eux d'enseigner
« et de démontrer l'anatomie [1]. »

On se doute bien quels étaient ceux *qui for-
maient des oppositions*, et qui *prétendaient qu'il
n'appartenait qu'à eux d'enseigner et de démontrer l'anatomie.* C'étaient *ceux-là* même qui
poursuivaient les apothicaires et les chirurgiens,
d'une guerre impitoyable, incessante. A la vérité,
la Faculté ne *prétendait* pas exclure la chirurgie
comme elle avait exclu les sciences nouvelles,
mais elle excluait les chirurgiens. Gui Patin parle
des chirurgiens en termes dont on rougit pour lui.
Le gouvernement fut obligé de faire pour les chirurgiens ce qu'il avait fait pour les sciences nouvelles. La Faculté leur fermait ses portes, il leur

---

Paris, 1716 : *Épître au roi,* p. 2. — Voyez, ci-devant, p. 39,
ce que j'ai déjà dit de Dionis et de son *enseignement* (création de Louis XIV) au jardin des Plantes.

[1] *Ibid.,* Préface, p. 6. L'anatomie nouvelle passa enfin
du Jardin du roi à la Faculté ; souvent même ce fut le même
professeur qui l'enseigna dans les deux lieux : témoin
Winslow et d'autres.

en ouvrit d'autres. On créa le Collége royal de
chirurgie. « Ce dernier titre (le titre de membre
« de la Faculté), disait la Martinière au roi
« Louis XV, a fait l'objet de notre ambition, mais,
« dès que votre volonté suprême daigne nous ac-
« corder le titre de *Collége royal*, l'honneur de
« dépendre immédiatement de Votre Majesté
« suffit pour nous consoler de toute autre dis-
« tinction [1]. » L'Académie de chirurgie parut, et
parut avec un éclat qui frappa l'Europe. Le premier volume des *Mémoires* de cette Académie est
le plus beau monument de la chirurgie française.
La Société royale de médecine vint à son tour, et
là fut le terme de cette ancienne Faculté qui avait
duré huit siècles [2]. Après la révolution de 1789,
quand on refit l'enseignement public, les membres encore subsistants de la Société royale de
médecine furent le noyau de la Faculté nouvelle.

Gui-Patin nous dit tout sur sa Faculté, et ce

[1] *Mémoire présenté au roi par son premier chirurgien La-
martinière*, etc.

[2] « Par la lecture des anciens livres..., dit Riolan, nous
« pouvons donner des marques de plus de six cents ans. »
(*Curieuses recherches*, etc., p. 28.) Riolan écrivait cela en
1651.

qui est sérieux, et ce qui ne l'est pas. Je parlais
tout à l'heure des actes et des cérémonies de la
Faculté. Chacun de ces événements était suivi
d'un *festin* : « Samedi 20 de mars, nous avons
« reçu six bacheliers.... Le même jour, on a
« fait un festin aux écoles.... » Et voilà Gui-
« Patin qui nous énumère tous les invités, mar-
« quant bien le rang de chacun : « les doyen et
« censeurs, les anciens doyens, les quatre exami-
« nateurs, les cinq électeurs, les quatre anciens
« des écoles, les professeurs ordinaires, quelques
« amis du doyen, qui sont des forts de l'école et
« les plus considérables de la Faculté..... Je
« n'ai jamais vu telle réjouissance de part et
« d'autre ; on n'y a parlé que de rire et de bonne
« chère[1]..... »

Il est élu doyen le 4 novembre 1650, et le
1ᵉʳ décembre il *fait son festin*. « Etant revenu au
« logis ce matin, j'y ai trouvé votre lettre, la-
« quelle m'a accru la joie que j'avais eue hier que
« je fis mon festin, à cause de mon décanat.
« Trente-six de mes collègues firent grande
« chère ; je ne vis jamais tant rire et tant boire

[1] *Lettres*, t. III, p. 182.

17

« pour des gens sérieux, et même de nos anciens :
« c'était du meilleur vin vieux de Bourgogne que
« j'avais destiné pour ce festin. Je les traitai dans
« ma chambre, où, par-dessus la tapisserie, se
« voyaient curieusement les tableaux d'Erasme,
« des deux Scaliger, père et fils, Casaubon, Mu-
« ret, Montaigne, Charron, Grotius, Heinsius,
« Saumaise, Fernel, de Thou, et notre bon ami
« Gabriel Naudé, bibliothécaire du Mazarin, qui
« n'est que sa qualité externe, car, pour les in-
« ternes, il les a autant qu'on peut les avoir : il
« est très-savant, bon, sage, déniaisé et guéri de
« la sottise du siècle, fidèle et constant ami depuis
« trente-trois ans. Il y avait encore trois autres
« portraits d'excellents hommes, de feu M. de
« Sales, évêque de Genève, de Justus Lipsius, et
« enfin de François Rabelais..... Que dites-vous
« de cet assemblage? Mes invités n'étaient-ils
« pas en bonne compagnie[1] ?...... »

Tout est à noter dans ce récit : la *joie* de Gui
Patin, le *vin vieux*, les *anciens* qui *rient* et qui
boivent ; et, par-dessus leur tête, Erasme , Casaubon , Montaigne, Rabelais , Fernel, etc., et

---

[1] *Lettres de Gui-Patin*, t. II, p. 570.

l'ami Naudé , bibliothécaire du Mazarin , *qui n'est que sa qualité externe*. Et comme c'est bien là Gui-Patin tout entier ! l'ami , l'érudit, le critique et l'enthousiaste, le malicieux et le bonhomme , enfin le spirituel, le hardi , le *déniaisé* Gui-Patin.

Gui-Patin est inépuisable quand il parle des choses de la Faculté ; il l'est bien plus encore quand il parle des hommes. C'est d'abord Riolan[1], son maître, son ami, celui qui prit Gui-Patin pour son suppléant[2], celui qui le désigna

---

[1] Je n'ai presque pas besoin d'avertir que le *Riolan* dont je parle dans ce chapitre est Riolan le fils, né en 1580 et mort en 1657. Celui-là seul fut le contemporain de Gui-Patin. Riolan le père était né en 1539 et mourut en 1605.

[2] Voici un détail curieux sur le Collége de France. « M. Moreau ne cédera sa place de professeur du Roi à son « fils qu'en mourant, vu qu'étant, comme il est, un des an- « ciens de ce Collége, il a de bien plus grands gages, à cause « de l'augmentation des plus vieux reçus, que n'aurait son « fils, qui, étant le plus jeune, n'aura que 600 livres, au lieu « que le père passe 1,000 livres et a près de 1,100 liv. Morin, « le mathématicien, qui est immédiatement devant lui, a la « somme entière, savoir 400 écus, qui est la même somme « qu'a le doyen, qui est M. Riolan, lequel venant à mou- « rir je prendrai sa place, n'ayant que la survivance comme « a le jeune Moreau, et alors j'entrerai en jouissance des « 600 livres;... et puis après je succéderai et me hausserai,

pour son successeur au Collége royal de France, celui que Gui-Patin appelle *notre maître à tous* [1] :

« Un des hommes du monde qui savait le plus
« de particularités et de curiosités, non pas seu-
« lement dans la médecine, mais aussi dans l'his-
« toire [2]...... à la fois fort bon homme [3].......
« et fort mordant naturellement [4],.... qui aurait
« voulu que tout le monde écrivît contre lui [5],....
« se tenant clos et couvert dans son étude, avec
« un poêle qui le réchauffait à la mode d'Alle-
« magne, et y travaillant contre l'antimoine [6],....
« buvant tous les jours du vin pur, ou n'y met-
« tant guère d'eau, et disant, pour excuse, que
« c'était du vin vieux de Bourgogne [7].... »

C'est ensuite la famille des Piètre, tous *in-comparables*, le premier surtout, car il présidait comme doyen quand on proscrivit l'antimoine : *in cujus decanatu latum est decretum adversus stibium*, dit Gui-Patin [8].

Avec Gui-Patin, il n'y a point de milieu : on est *incomparable* ou *abominable*, selon qu'on

« à mesure que d'autres mourront qui auront été reçus
« devant moi... » (T. II, p. 162.)

[1] *Lettres*, t. II, p. 588. — [2] T. II, p. 517. — [3] T. II, p. 537.
— [4] T. II, p. 528. — [5] T. II, p. 537. — [6] T. III, p. 23. —
[7] T. II, p. 315. — [8] T. I, p. 265.

proscrit ou non l'antimoine. Par exemple, Guenaut, « méchant, charlatan, déterminé à « tout [1]..... faisant le tyran dans nos écoles, « abusant aux dépens du public de l'iniquité et de « l'impunité du siècle [2]...... effronté donneur « d'antimoine [3], *peste antimoniale* [4], » etc., etc., Guenaut n'était probablement pas tout cela, quoiqu'il dût être fort vif, fort actif, fort occupé, fort occupant, car Boileau le compte parmi les *embarras* de Paris :

> Guenaut sur son cheval en passant m'éclabousse [5].

Vautier est « méchant, fort glorieux et fort « ignorant [6]...., premier médecin du roi, et le « dernier du royaume en capacité [7] ; » et vous devinez bien pourquoi : il *donne de l'antimoine;* et ce n'est pas tout, il *médit du séné et de la saignée.* « M. Vautier médit de notre Faculté « assez souvent et nous le savons bien ; il dit que « nous n'avons que le séné et la saignée; il a « donné fort hardiment de l'antimoine [8]...... »

Le sieur Morisset, au contraire, ne donne pas

---

[1] *Lettres de Gui-Patin*, t. II, p. 312.
[2] T. II, p. 348. — [3] T. II, p. 600. — [4] T. III, p. 65.
[5] *Satire* VI.
[6] *Lettres*, t. III, p. 129. — [7] T. III, p. 6 — [8] T. I, p. 346.

de l'antimoine : aussi quel autre langage ! « Le
« sieur Morisset est âgé de soixante-sept ans.....;
« il a pourtant bon air....; il paraît glorieux, mais
« il ne l'est point ; il a pourtant de quoi l'être plus
« que d'autres , car il est fort savant et habile
« homme. Il parle bien, il harangue éloquem-
« ment, il consulte de bon sens, il parle bon latin,
« il sait le grec, et n'a jamais voulu signer l'an-
« timoine [1]..... » Il n'a jamais voulu signer l'*antimoine* : « bien qu'il en ait été prié, et prin-
« cipalement par Guenaut [2]. »

Gui-Patin est passionné en tout : en politique
comme en médecine. En médecine , ce qu'il
déteste le plus, c'est *l'antimoine* et *Guenaut ;* en
politique, ce sont les *jésuites* et *Mazarin.* Il n'aimait pas non plus Richelieu. « Le cardinal de Ri-
« chelieu, dit-il, ressemblait à Tibère,..... c'est
« un atrabilaire qui voulait régner..... Le Maza-
« rin n'aimait pas tant la vengeance ni le sang,
« mais il était grand coupeur de bourses [3].... »

Il lui arrive souvent de traiter les jésuites , les
moines, et le Pape lui-même, comme s'ils eussent *donné de l'antimoine;* au contraire, il avait

[1] *Lettres de Gui-Patin,* t. III, p. 412. — [2] T. III, p. 412.
— [3] T. III, p. 357.

un penchant marqué pour le Parlement, pour la
liberté, pour l'indépendance, pour toute espèce
d'indépendance, politique, civile, religieuse, pour
la *Fronde*, pour le cardinal de Retz. « On parle
« aussi de la diète de Ratisbonne, et que le roi
« veut y envoyer M. le cardinal de Retz : plût à
« Dieu qu'il rentrât en grâce ! il est homme d'es-
« prit, qui aime la belle gloire et le public, auquel
« infailliblement il ferait du bien[1]. » Et pourtant
dès qu'il voit Louis XIV, encore bien jeune, il
devine, dans le jeune prince, le grand roi : « Le
« roi, dit-il, est un prince bien fait, grand et fort,
« qui n'a pas encore vingt ans..... » — « C'est,
« continue-t-il, une prince digne d'être aimé de
« ceux même à qui il n'a jamais fait de bien, qui a
« de grandes pensées, et sur les inclinations duquel
« la France peut fonder un repos que les deux
« cardinaux de Richelieu et Mazarin lui ont ôté.
« Je me sens pour lui une inclination violente[2]...»

Je finis à regret ; car il est difficile de quitter
Gui-Patin, cet homme unique en son genre : écrivain, médecin, érudit, passionné pour les anciens,
passionné contre les modernes, *esprit tout de
feu*, comme il parle lui-même [3], et joignant à

---

[1] *Lettres*, t III, p. 406. — [2] T. III, p. 86. — [3] T. I, p. 499.

cela des mœurs sévères, une amitié sûre, et la
tendresse la plus vive pour ses enfants : « J'aime
« bien les enfants, dit-il ; j'en ai six, et il me
« semble que je n'en ai point encore assez ; je
« suis bien aise que vous ayez une petite fille ;
« nous n'en avons qu'une, laquelle est si gentille
« et si agréable, que nous l'aimons presque au-
« tant que nos cinq garçons [1].... »

On sait qu'il ne fut point heureux père. De
ses six enfants, quatre périrent en bas âge, perte
qui amène sous sa plume ce mot touchant :
quodam modo moritur ille qui amittit suos [2].
Son fils aîné, Robert, pour lequel il avait ob-
tenu la survivance de sa chaire au Collége de
France, mourut jeune ; et son fils bien-aimé,
son cher *Carolus* [3], ce fils illustre qui avait hérité
de son génie pour l'érudition, fut exilé.

Pour lui [4], il était né le 31 août 1601, et
mourut le 30 août 1672. Ses *Lettres* commencent en 1630, et finissent en 1672. Elles sont,
tour à tour, adressées à deux médecins de

[1] *Lettres de Gui-Patin*, t. 1, p. 387. — [2] T. II, p. 365.
[3] Expression habituelle de Gui-Patin, quand il parle de
son fils Charles.
[4] A La Place, petit hameau de la commune de Hodenc-en-
Bray (non loin de Beauvais), ancienne province de Picardie.

Troyes, les deux Belin, père et fils, et à deux médecins de Lyon, Charles Spon et André Falconet.

M. Reveillé-Parise cite quelques opuscules de Gui-Patin [1] : ces opuscules sont fort insignifiants. Gui-Patin n'a réellement écrit que ses *Lettres* ; et ces *Lettres*, malgré une hardiesse de pensée souvent *excessive* [2], malgré un langage souvent trop bas, malgré tant d'erreurs sur les choses, malgré tant de préventions sur les hommes, ces *Lettres*, expression brillante d'un esprit supérieur et d'une âme fière, le feront vivre ; car il y a mis ce qui ne meurt point : le style.

Gui-Patin est le médecin le plus spirituel qui ait jamais écrit, à moins que l'on ne compte Rabelais, en qui pourtant la médecine n'était guère que la *qualité externe* [3].

---

[1] Dans sa *Notice biographique*, mise en tête de son édition des *Lettres de Gui-Patin*, p. xxxii.

[2] « Il écrivait à un de ses amis avec une liberté non-seulement entière, mais quelquefois excessive ; les éloges ne sont pas fort communs dans ses *Lettres*, et ce qui y domine, c'est une bile de philosophe très-indépendant. » (Fontenelle : *Éloge de Dodart*.)

[3] Expressions de Gui-Patin ; voyez, ci-devant, p. 195.

PARTIE PHYSIOLOGIQUE DU LIVRE DE SERVET

INTITULÉ :

CHRISTIANISMI RESTITUTIO

Totius Ecclesiæ apostolicæ ad sua limina vocatio, in integrum restitutæ cognitione Dei, fidei Christi, justificationis nostræ, regenerationis baptismi et cœnæ Domini manducationis; restituto denique nobis regno cœlesti, Babylonis impiæ captivitate solutâ, et Antichristo cum suis penitus destructo [1].

..... Ut vero totam animæ et spiritus rationem habeas, lector, divinam hìc philosophiam [2] adjungam, quam facilè intelliges, si in anatome fueris exercitatus. Dicitur in nobis ex trium superorum elementorum substantiâ esse spiritus triplex : naturalis, vitalis et animalis. Tres spiritus vocat Aphrodisœus. Verè non sunt tres, sed duo spiritus distincti. Vitalis est spiritus, qui per anastomoses ab arteriis communicatur venis, in quibus dicitur naturalis. Primus ergò est sanguis, cujus sedes est in hepate, et corporis venis. Secundus est spiritus vitalis, cujus sedes est in corde, et corporis arteriis. Tertius est spiritus animalis, quasi lucis radius, cujus sedes est in cerebro, et corporis nervis. In his omnibus est unius spiritus et lucis Dei energia. Quòd à corde communicetur hepati spiritus ille naturalis, docet hominis formatio ab utero. Nam arteria mittitur juncta venæ per ipsius fœtus umbilicum : itidemque in nobis posteà

---

[1] *Viennæ Allobrogum*, MDLIII. — Exemplaire de Colladon, un des accusateurs de Servet. — Voyez, à la page 138, ce que j'ai dit de cet exemplaire.

[2] On a vu (p. 140 et suiv.) le commentaire de cette *divine philosophie*.

semper junguntur arteria et vena. In cor est prius quam in hepar à Deo inspirata Adamæ anima, et ab eo hepati communicata. Per inspirationem in os et nares est verè inducta anima : inspiratio autem ad cor tendit. Cor est primum vivens, fons caloris, in medio corpore. Ab hepate sumit liquorem vitæ, quasi materiam, et eum vice versâ vivificat : sicut aquæ liquor superioribus elementis materiam suppeditat, et ab eis junctâ luce ad vegetandum vivificatur. Ex hepatis sanguine est animæ materia, per elaborationem mirabilem, quam nunc audies. Hinc dicitur anima esse in sanguine, et anima ipsa esse sanguis, sive sanguineus spiritus. Non dicitur anima principaliter esse in parietibus cordis, aut in corpore ipso cerebri, aut hepatis, sed in sanguine, ut docet ipse Deus : *Genes.* 9, *Lev.* 17, et *Deut.* 12.

Ad quam rem est priùs intelligenda substantialis generatio ipsius vitalis spiritus, qui ex aëre inspirato et subtilissimo sanguine componitur et nutritur. Vitalis spiritus in sinistro cordis ventriculo suam originem habet, juvantibus maximè pulmonibus ad ipsius generationem. Est spiritus tenuis, caloris vi elaboratus, flavo colore, igneâ potentiâ, ut sit quasi ex puriori sanguine lucidus vapor, substantiam in se continens aquæ, aëris et ignis. Generatur ex factâ in pulmonibus mixtione inspirati aëris cum elaborato subtili sanguine, quem dexter ventriculus cordis sinistro communicat. Fit autem communicatio hæc [1], non per parietem cordis medium, ut vulgò creditur. Sed magno artificio à dextro cordis ventriculo, longo per pulmones ductu, agitatur

---

[1] *Fit autem communicatio hæc...* C'est ici que commence l'admirable passage sur la *circulation pulmonaire.* — J'ai donné le commentaire particulier de ce passage à la page 11 et suivantes.

sanguis subtilis : à pulmonibus præparatur, flavus efficitur, et à venâ arteriosâ in arteriam venosam transfunditur. Deinde in ipsâ arteriâ venosâ inspirato aëri miscetur, et expiratione à fuligine repurgatur. Atque ità tandem à sinistro cordis ventriculo totum mixtum attrahitur, apta supellex, ut fiat spiritus vitalis.

Quòd ità per pulmones fiat communicatio et præparatio, docet conjunctio varia et communicatio venæ arteriosæ cum arteriâ venosâ in pulmonibus. Confirmat hoc magnitudo insignis venæ arteriosæ, quæ nec talis, nec tanta facta esset, nec tantam à corde ipso vim purissimi sanguinis in pulmones emitteret, ob solum eorum nutrimentum, nec cor pulmonibus hac ratione serviret; cum præsertim anteà in embryone solerent pulmones ipsi aliundè nutriri, ob membranulas illas, seu valvulas cordis, usque ad horam nativitatis nondum opertas, ut docet Galenus. Ergò ad alium usum effunditur sanguis à corde in pulmones horâ ipsâ nativitatis, et tam copiosus. Item, à pulmonibus ad cor non simplex aër, sed mixtus sanguine mittitur per arteriam venosam : ergò in pulmonibus fit mixtio. Flavus ille color à pulmonibus datur sanguini spirituoso, non à corde. In sinistro ventriculo non est locus capax tantæ et tam copiosœ mixtionis, nec ad flavum elaboratio illa sufficiens. Demum, paries ille medius, cum sit vasorum et facultatum expers, non est aptus ad communicationem et elaborationem illam, licet aliquid resudare possit [1]. Eodem artificio, quo in hepate fit transfusio à venâ portâ ad venam cavam propter sanguinem, fit etiam in

---

[1] *Licet aliquid resudare possit...* Dernier vestige de la vieille erreur de la *cloison percée* des ventricules. — Voyez, ci-devant, page 8 et suivantes.

pulmone transfusio à venâ arteriosâ ad arteriam venosam propter spiritum. Si quis hæc conferat cum iis quæ
scribit Galenus lib. VI et VII *de usu partium*, veritatem
penitùs intelliget, ab ipso Galeno non animadversam.

Ille itaque spiritus vitalis à sinistro cordis ventriculo
in arteriis totius corporis deindè transfunditur, ità ut qui
tenuior est superiora petat, ubi magis adhuc elaboratur,
præcipuè in flexu retiformi, sub basi cerebri sito, in
quo ex vitali fieri incipit animalis, ad propriam rationalis animæ sedem accedens. Iterum ille fortius mentis
igneâ vi tenuatur, elaboratur, et perficitur, in tenuissimis vasis, seu capillaribus arteriis, quæ in plexibus
choroïdibus sitæ sunt, et ipsissimam mentem continent. Hi plexus intima omnia cerebri penetrant, et
cerebri ventriculos internè succingunt, vasa illa secum
complicata et contexta servantes, usque ad nervorum
origines, ut in eos sentiendi et movendi facultas indu-
catur.

Vasa illa miraculo magno tenuissimè contexta,
tametsi arteriæ dicantur, sunt tamen fines arteriarum,
tendentes ad originem nervorum, ministerio meningum. Est novum quoddam genus vasorum. Nam, sicut
in transfusione à venis in arterias est in pulmone novum
genus vasorum ex venâ et arteriâ, ità in transfusione
ab arteriis in nervos est novum quoddam genus vasorum, ex arteriæ tunicâ et meninge : cum præsertim
meninges ipsæ suas in nervis tunicas servent. Sensus
nervorum non est in molli illâ eorum materiâ, sicut nec
in cerebro. Nervi omnes in membranorum filamenta
desinunt, exquisitissimum sensum habentia, ad quæ
ob id semper spiritus mittitur. Ab illis itaque meningum seu choroïdum vasculis, velut à fonte, lucidus

animalis spiritus, veluti radius, per nervos effunditur in oculos et alia sensoria organa. Viâ eâdem, vice versâ, advenientes extrinsecus sensatarum rerum lucidæ imagines, ad fontem eumdem mittuntur, quasi per lucidum medium intrò penetrantes.

Ex his satis constat mollem illam cerebri massam non propriè esse rationalis animæ sedem, cum frigida sit, et sensûs expers [1]. Sed esse veluti pulvinum dictorum vasorum, ne rumpantur, et custodem animalis spiritus, ne diffletur, quandò nervis est communicandus, et esse frigidam ad contemperandum igneum illum intrà vasa contentum calorem. Hinc quoque fit ut prædictis vasis communem membranæ tunicam in internâ cavitate servent nervi, ad fidam spiritus custodiam : idque à tenui meninge, sicut et externam aliam tunicam habent à crassâ. Illa etiam ventriculorum cerebri spatia inania, quæ philosophi et medici admirantur, nihil minus continent quàm animam [2]. Sed primâ ratione facti sunt ventriculi illi ad expurgamenta cerebri recipienda, veluti cloacæ, ut probant excrementa ibi recepta, et meatus ad palatum et nares, à quibus defluxiones morbosæ nascuntur. Et quandò ventriculi opplentur pituitâ, ut arteriæ ipsæ choroïdis eâ immergantur, tunc subitò generatur apoplexia. Si partem obstruat noxius humor, cujus vapor mentem inficiat,

---

[1] Le *cerveau proprement dit* (*lobes* ou *hémisphères cérébraux*) est dépourvu de *sensibilité*, de la *sensibilité* commune aux *nerfs* et à la *moelle épinière*, mais il est le siège de l'*intelligence*. (Voyez mon livre intitulé : *Rech. expér. sur les propriétés et les fonctions du système nerveux.*)

[2] Les *espaces vides* des ventricules du cerveau *ne contiennent rien moins que l'âme*. On verra tout à l'heure quel est l'hôte étrange que Servet loge à côté de l'âme.

generatur epilepsia, aut morbus alius, juxtà partem. in quam ille expulsus decumbet. Ibi ergò dicemus esse mentem, ubi eam affici manifestè percipimus. Ex immoderato illorum vasorum fervore, aut meningum inflammatione, fiunt manifestè deliria et phrenitides. Undè ex accidentibus morbis, ex situs et substantiæ ratione, ex caloris vi, et cum continentium vasorum artificiosâ pulchritudine, et ex ibi apparentibus animæ actionibus semper colligimus esse vascula illa præferenda, et quia eis reliqua omnia serviunt, et quia sensuum nervi eis alligantur, ut indè vim accipiant. Postremò, quia nos ibi laborantem intellectum percipimus, in forti meditatione arteriis illis usque ad tempora pulsantibus. Vix intelliget, qui locum non viderit. Secundâ aliâ ratione facti sunt ventriculi illi, ut ad spatia eorum inania penetrans per ossa ethmoïde inspirati aëris portio, et ab ipsis animæ vasis per diastolem attracta, animalem intus contentum spiritum reficiet et animam ventilet. In vasis illis est mens, anima et igneus spiritus, jugi flabellatione indigens : alioque, instar externi ignis, conclusus suffocaretur. Flabellatione et distillatione instar ignis indiget, non solum, ut ab aëre pabulum sumat, sed ut in eum suam fuliginem evomat[1].

Sicut elementaris hic externus ignis terreo crasso corpori, ob communem siccitatem, et ob communem lucis formam alligatur, corporis liquorem pabulum, et ab aëre difflatur, fovetur, et nutritur, ità igneus ille

---

[1] Toutes ces idées de Servet sur la *formation des esprits*, le rôle des *plexus choroïdes*, le *siège de l'âme*, etc., toutes ces idées viennent de Galien, comme je l'ai déjà dit (p. 141 et suiv.). Ce qui suit est de Servet tout seul, et n'est pas bien raisonnable : *Velut ægri somnia vana*.

·noster spiritus et anima corpori similiter alligatur, unum cum eo faciens, ejus sanguinem pabulum habens, et ab aëreo spiritu, inspiratione et expiratione, difflatur, fovetur et nutritur, ut sit ei duplex alimentum, spirituale et corporale. Hac loci et spiritualis fomenti ratione conveniens admodum fuit, eumdem nostri spiritus lucidum naturâ locum, spiritu alio sancto cœlesti lucido afflari, idque per oris Christi expirationem, sicut à nobis inspiratione in eumdem locum trahitur spiritus. Decuit eumdem nostri intellectus, et lucentis animæ locum, cœlesti alterius ignis luce denuò illuminari. Nam Deus primam in nobis lucernam illuminat, et subortas ibi tenebras denuò vertit in lucem, ut aït David, *psalm.* 17 et 2, Samu. 22. Idipsum docet Elihu in Job, cap. 32 et 33. Idipsum docuerunt Zoroaster trisme-gistus et Pythagoras, ut mox citabo. Vasorum quoque formatio et temperies bona ad mentis bonitatem facit, ut illis sit anima melior, quibus sunt illa melius dispo-sita. Sicut verò à bono spiritu insita illa lux magis et magis illuminatur, ità et à malo obscuratur. Si in vascula illa cerebri, cum animali nostro lucido spiritu tenebrosus et nequam spiritus intrudatur, tunc dæmo-niacos furores videbis, sicut per bonum spiritum lucidas revelationes. Vascula autem illa facilè impetit spiritus nequam, qui sedem habet vicinam in abyssis aquarum, et lacunis ventriculorum cerebri [1]. Spiritus ille nequam,

---

[1] Servet prend tout au physique (Voyez, ci-devant, p. 139). L'âme loge dans les ventricules du cerveau (Voyez, ci-devant, p. 206, note 2), et tout à côté (dans un lieu voisin : *sedem habens vicinam*), l'esprit malin, dans les *abîmes des eaux* de ces ventri-cules. *Abîmes des eaux*, grande expression, et que (pour retour-ner une phrase de Servet) comprendra à peine celui qui a vu le lieu : *Vix intelliget, qui locum non viderit; —* p. 207.

cujus potestas est aëris, unà cum inspirato à nobis aëre, lacunas illas liberè ingreditur, et aggreditur, ut ibi cum spiritu nostro, intrà vasa illa, velut in arce collocato, jugiter dimicet. Imò eum ità undique obsidet, ut vix illi liceat respirare, nisi quum superveniens lux spiritus Dei malum spiritum fugat. Ecce quam decenter loco illi conveniat, mentis, spiritus, revelationis, et intellectus ratio. Simili inspirationis ratione charitas Dei in corde per spiritum sanctum accenditur. In corde, ultrà vitæ principium, est voluntatis imperium, et post tentationes intellectus, ac carnis stimulos, prima peccati origo, ex consensu Matth. 15. Sed ea quæ in cerebro sunt absolvamus, priusquam ad cor prægrediamur. Variæ pro illorum cerebri vasorum diversitate sunt mentis actiones, quemadmodum sunt varia organa in variis ventriculis quos nunc ità expono.

Animali illi et igneo spiritui, in illis choroïdis vasculis contento, communicatur inspiratus aër, parte exiguâ[1], per ossa dicta ethmoïde, tendens ad priores duos cerebri ventriculos, in sincipitis dextro et sinistro constitutos. Ibique capillares illæ choroïdis arteriæ aërem illum dilatatæ hauriunt, ad ventilandam animam. Ad easdem etiam nervi duo optici, connexu facto, visorum lucidas imagines deferunt, sicut et auditorii, et aliorum sensuum nervi, tegumento communis membranæ semper servato, ad fidissimam et tutissimam omnium custodiam. Si enim in spatiis illis inanibus vagarentur species et spiritus cum animâ, emungendo foras omnia emit-

---

[1] Servet fait, de l'air inspiré, deux parts : la plus petite (parte exiguâ) pénètre jusqu'aux ventricules du cerveau par les trous de l'os ethmoïde (Voyez, ci-devant, p. 145); la plus grande va aux poumons, des poumons au cœur, etc. (Voyez, ci-après, p. 213).

terentur, aut saltem per sternutationem [1]. Ibi esset anima, jam non esset in sanguine, si cum sanguine non sit extrà vasa. In vasis ergò choroïdum est mens tutissimè sita. Tutissimum est tegumentum, et ad dicta vasa, parte quadam in prioribus ventriculis sita, tendunt sensorii principes nervi ut sit ibi initium sensus communis, exteriorum sensuum in commune lata apprehensio, seu imaginatio, ut conferri invicem et commisceri apprehensa ibi incipient.

Ille deindè inspiratus in cerebrum aër, à duobus ventriculis anterioribus fertur ad medium, sive ad meatum quemdam communem, concursu sub psalloïde facto, ubi lucidior et purior est mentis pars : quæ divinitùs innata sibi idearum semina exerens, ex semel ibi apprehensis imaginibus, potest res novas similitudine quadam cogitare, sive componere, imaginatas commiscere, ex aliis alia inferre, inter ea discernere, et puram ipsam veritatem colligare, lustrante Deo [2]. Minor est ibi ventriculus, et excellentior intellectus ratio : quia arteriæ choroïdis sunt ibi copiosiores, quæ suum igneum spiritum diastole reficiunt, et communis sensùs apprehensiones in ratiocinationis magis et magis luculentum adducunt, luce eâ spiritali intrà per vasa penetrante, et Deitate ipsâ refulgente. Spatium inane non tantum ibi

---

[1] Si l'*âme*, l'*esprit*, les *idées* eussent erré çà et là dans les espaces vides du cerveau, l'*âme* aurait pu être *jetée dehors* par l'action de se moucher, ou du moins par l'éternument. Heureusement que l'âme réside dans les vaisseaux des plexus choroïdes : *in vasis choroïdum est mens tutissimè sita.*

[2] *Qua divinitùs innata...* Passage très-élevé et plein de bon sens. — *Potest res novas similitudine quadam cogitare...* Pensée ingénieuse : l'esprit ne découvre le *neuf* que par une certaine ressemblance qu'il lui trouve avec l'*inné.*

est, quantum in aliis ventriculis, ut meatum potius quàm ventriculum dixeris, seu longam et anfranctuosam scrutinii viam. Quod factum sapienter est, ob scrutinii difficultatem. Minor ideò est ventriculus, quia ubi est purior et lucidior mentis pars, non tot congeri debuerunt excrementa. Et quæ ibi generantur, in subjectam rectò choanam facilè dilabuntur, ne mentis lucernam exstinguant, aut ei sint impedimento. Plura sunt ibi vasa circà conarium, plures arteriarum pulsus, potentior ibi mentis et ignei spiritus actio. Nos quoque potentius ibi juxtà tempora pulsare laborantem intellectum exterius et interius deprehendimus, ut hoc solo experimento ad ipsum mentis locum manu ducamur. Adde quod ei loco est propinquior sensus auditus, qui est sensus disciplinæ ¹. Miraculum maximum est hoc hominis compositio ². Multi et longi ibi anfractus, usque ad cerebellum, ut longo scrutinio anfractuosæ quæque res possint investigari, et tenebræ illuminari, adjuvantibus etiam per comminiscendi facultatem iis quæ in memoriâ fuerant anteà recondita. Ibi quoque à janitore scolicoide, et sinuosis gluttis, cum intenditur cogitatio, retinetur quodam modo, augeturque inspirati aëris fomentum, donec ab eo flabellatis et impetu pulsantibus omnibus mentis arteriis ³, sit scrutinium perfectum, et lucidè omnia illustrata. Menti ergo, quæ ignea est, et lucis Dei particeps,

¹ *Sensus disciplinæ*: l'ouïe, *sens de la discipline*, expression très-juste.

² Enthousiasme vrai, et de l'homme qui a fait le premier grand pas dans l'étude de cette *admirable structure*, de l'homme qui a découvert la *circulation pulmonaire*.

³ *Les artères de l'esprit*, expression hardie, mais qui peint bien le côté matériel des vues de Servet.

apprimè cohœret locus ille igneus, et jam parta notitia [1],
quæ etiam lucis est radius, et luminosa quædam imago.
Externæ etiam rerum sensibiles species in oculum
missæ, luminosæ sunt, et ab objecto luminoso, seu
lucis formam habente, per medium luminosum missæ.
Unà et mens ipsa magis et magis illustratur.

Non solùm à visu, qui plures rerum differentias nobis
ostendit, intellectus ornatur, sed et ab aliorum sensuum
objectis, quæ omnia cum lucido nostro spiritu cogna-
tionem aliquam habent. Cognatio est ex omnium sub-
stantiali formâ, quæ lux est, et ex spiritali ipso in
singulis agendi modo. Sonus et odor instar spiritus
sunt, instar spiritus percipiuntur, et instar spiritus in
nobis agunt. Auditorum perceptio fit, externo spiritu
ad auris membranam feriente ipsum internum spiritum, in quo sita est lux animæ, et spiritalis harmoniæ
concentus, diastole et systole ordinatus. Odoratorum
similis est ferè ratio. Quæ autem gustantur et tanguntur,
quanquam corporea magis sint, tamen vires habent, ad
immutandam animam aptas, illa per humiditatem,
hæc per renixum, ex lucis item communi formâ, et
ejus variè in spiritum actione. Lucis etiam substantia
hæc tota in animam agit, cum totius ideam in eâ
imprimit. Substantias ipsas nunc vident sophistæ, qui
anteà docebant nihil videri nec in Deo, nec in nobis,
nisi qualitates, et fucatas larvas. At nos in Christo
videntes substantialem lucem, in aliis quoque veræ
lucis visionem prosequimur.

Ab omnibus prædictis, in medio ventriculo illu-

---

[1] *La connaissance déjà enfantée :* encore une expression qui
peint bien le *matériel* Servet. Je dis *matériel :* il y a trop lour-
dement pour qu'on puisse dire le *matérialiste.*

stratis, ad quartum in parencephalide ventriculum,
permittente janitore, spiritus ipse tendit, et luminosa
conflata imago, in ipsius animæ lumine sita. Ibi verò,
velut in cerebri fundo[1], vasa illa suum memoriæ thesau-
rum tenaciter observant, et quæ sunt sensu et ratio-
cinatione inventa recondunt : non parietibus affixa, sed
in ipsâ animæ substantiâ, velut in materiâ quadam[2].
Habet ibi anima retenti spiritus fortiora vasa, ne tam
facile memoria diffluat. Omitto, quòd eâ viâ per spinæ
magnos nervos, motrix totius corporis facultas ad
musculos mittatur, animali illo spiritu veluti radiante.
Sunt itaque in cerebro ventriculi quatuor, et sensus inte-
riores tres. Nam priores duo ventriculi sensum unum
communem faciunt, imaginum receptorem. Media est
cogitatio, et extrema memoria[3]. Hæc de spiritali in cerebrum ductâ portione, cerebri organis, atque potentiis[4].

Parte aliâ majore[5] inspiratus aër per tracheam arteriam ad pulmones ducitur, ut ab ipsis elaboratus ad
arteriam venosam transeat, in quâ flavo et subtili

[1] Les vaisseaux du *fond du cerveau* conservent et *recèlent* le trésor
de la mémoire. Il fallait qu'ils fussent *au fond* pour mieux *recéler*.

[2] *Comme dans une certaine matière :* toujours le point de vue
matériel, l'âme-matière.

[3] Ainsi, les deux ventricules antérieurs sont le siége du *sens
commun ;* le ventricule moyen est le siége de la force qui *pense*,
et le quatrième ou dernier ventricule est le siége de la mémoire :
c'est tout un petit système de localisation psychologique, à la
manière de nos *néo-phrénologues*.

[4] Voilà pour la petite *portion d'air (parte exiguâ,* p. 209), portée
dans le cerveau, pour la *portion* qui sert, selon Servet, aux *fonctions* de cet organe.

[5] Servet revient maintenant à la *grande portion d'air inspiré*,
laquelle va aux poumons, passe des poumons dans l'*artère veineuse*, s'y mêle au sang rouge, arrive au ventricule gauche, et
s'y fait *esprit vital.* (Voyez, ci-devant, p. 142 et suiv.)

sanguini miscetur, ac magis elaboratur. Deindè totum mixtum, à sinistro cordis ventriculo diastole attrahitur, in quo fortissimâ et vivificâ ignis ibi contenti virtute ad suam formam perficitur, et fit spiritus vitalis, multis in eâ elaboratione expiratis fuliginosis recrementis.Hoc totum veluti materia est ipsius animæ. Ultrà totum hoc mixtum, duo in animâ supersunt : quid vivens spiratione, aut in suâ materiâ productum, et spiritus ipse, seu divinitas ipsa spirando insita, omnia unum, et anima una. Id medium, quod principaliter anima dicitur, halitus est et spiritus, utrinque cum spiritu essentialiter junctus. Substantia est ætherea, illi archetypæ superelementari, et huic quoque inferiori similis : naturalis anima una, vitalis et animalis. Ecce totam animæ rationem, et quâ re anima omnis carnis in sanguine sit, et Anima ipsa sanguis sit [1], ut ait Deus. Nunc afflante Deo, inspirata per os et nares in cor et cerebrum ipsius Adamæ, et natorum ejus, illa cœlestis spiritus aura, sive idealis scintilla, et spiritali illi sanguineæ materiæ intùs essentialiter juncta, facta est in ejus visceribus anima [2]. (P. 169-178.)

[1] Tel était le point à démontrer : que *l'âme est dans le sang*, que le *sang est l'âme même* (Voyez, ci-devant, p. 140); et c'est ce que le bon Servet croit avoir fait.

[2] *Facta est in ejus visceribus anima* : la formation de l'âme, et, pour tout dire, la *mécanique* même de cette formation (Voyez. ci-devant, p. 140): tel est l'objet final de la *physiologie* de Servet.— Pour Servet, l'âme *se fait dans les viscères*, par la jonction de *l'étincelle divine*, de *l'esprit céleste*, avec *l'esprit du sang;* pour Cabanis, l'âme se fait plus simplement encore, par la seule *sécrétion du cerveau;* et tout ceci nous montre combien a été grande la vue de Descartes, le premier homme qui ait su fonder la philosophie sur les caractères certains qui séparent le *physique* du *métaphysique*, la *matière* de l'*esprit*, le *corps* de l'*âme*. (Voyez mon livre intitulé : *Examen de la phrénologie.*)

FIN.

TABLE DES MATIÈRES

FIN DE LA TABLE DES MATIÈRES.

Corbeil, typ. et stér. de Crété.

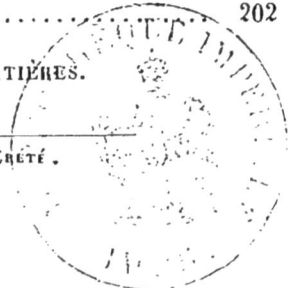

www.ingramcontent.com/pod-product-compliance
Lightning Source LLC
Chambersburg PA
CBHW071658200326
41519CB00012BA/2554